Die Geschichte der indogermanischen Sprachwissenschaft gliedert sich in folgende Abteilungen, von denen jeder Band einzeln käuflich ist:

I. Die Entwicklung der indogermanischen Sprachwissenschaft von *Wilhelm Streitberg*. ca. ℳ 8.—, Subskriptionspreis ca. ℳ 7.25.

II. Die Erforschung der indogermanischen Sprachen.

Bd. 1. Die griechische Sprache von *A. Thumb*. — Die italischen Sprachen von *A. Walde*. — Vulgärlatein von *K. v. Ettmayer*. — Die keltischen Sprachen von *R. Thurneysen*. Subskriptionspreis: ℳ 9.—, gebunden ℳ 10.—; Einzelpreis: ℳ 10.—, gebunden ℳ 11.—.

Bd. 2. Germanisch von *Wilhelm Streitberg*. ca. ℳ 10.—, Subskriptionspreis ca. ℳ 9.—. (Unter der Presse).

Bd. 3. Slavisch-Litauisch von *A. Brückner*. — Albanisch von *N. Jokl*. ca. ℳ 5.—, Subskriptionspreis ca. ℳ 4.50.

Bd. 4. Armenisch von *J. Karst*. — Iranisch von *H. Reichelt*. — Indisch von *E. Kieckers*. ca. ℳ 7.—, Subskriptionspreis ca. ℳ 6.25.

Grundriss

der

indogermanischen Sprach- und Altertumskunde

begründet

von

Karl Brugmann und Albert Thumb

herausgegeben

von

Karl Brugmann und Christian Bartholomae.

3

Straßburg
Verlag von Karl J. Trübner
1917.

Geschichte der indogermanischen Sprachwissenschaft
seit ihrer Begründung durch Franz Bopp
herausgegeben
von
Wilhelm Streitberg.

II

Die Erforschung der indogermanischen Sprachen

unter Mitwirkung
von

A. Brückner, K. v. Ettmayer, N. Jokl, J. Karst, E. Kieckers,
H. Reichelt, † A. Thumb, R. Thurneysen, A. Walde

herausgegeben
von

Wilhelm Streitberg.

III.

Slavisch-Litauisch, Albanisch.

Straßburg
Verlag von Karl J. Trübner
1917.

Druck von M. DuMont Schauberg, Straßburg.

Inhalt.

Erläuterungsbedürftige Abkürzungen.

AfslPh.	=	Archiv für slavische Philologie. Berlin.
BB.	=	Bezzenbergers Beiträge zur Kunde der indogermanischen Sprachen. Göttingen.
IF. [Anz.]	=	Indogermanische Forschungen *bezw.* Anzeiger *dazu*.
IJ.	=	Indogermanisches Jahrbuch. Straßburg.
KZ.	=	Kuhns Zeitschrift für vergleichende Sprachforschung. Göttingen.
MSL.	=	Mémoires de la Société de Linguistique. Paris.
Rom. Jb.	=	Kritischer Jahresbericht über die Fortschritte der romanischen Philologie. Erlangen.

Zweites Buch.

Die ostindogermanischen Sprachen.

I. Slavisch-Litauisch. II. Albanisch.

I.

Slavisch-Litauisch.

Von

Alexander Brückner.

A. Die slavischen Sprachen.

Die Anfänge. Dobrowsky.

In den klassischen Sprachen hatte der Philologe dem Linguisten stark vorgearbeitet; das längst kritisch gesichtete Material hatte der Linguist nur von dem neuen Standpunkte aus zu prüfen und zu ordnen. Anders in den slavischen Sprachen, wo das philologische Studium fast erst mit dem linguistischen einsetzte und noch heute vielfach stark im Rückstande ist, so daß der Linguist auf Schritt und Tritt noch mit Lücken und Mängeln des Materials zu kämpfen hat, was ihm bei der geringen Verbreitung tieferer slavischer Sprachkenntnis seine eigene Aufgabe äußerst erschwert. Kein Wunder daher, daß sich der Linguist in der Regel auf das Altkirchenslavische beschränkt, und wie im Kulturleben des größten Teiles der Slavenwelt dieses Altkirchenslavische die Rolle des Latein im Mittelalter bis in das neunzehnte Jahrhundert hinein fortgeführt hatte, so trat es jetzt in der Sprachwissenschaft als einziger Vertreter aller Slavinen auf und hat diese Stellung bis heute nicht eingebüßt. Nicht ohne triftigen Grund, da es die älteste uns erreichbare Sprachphase allein vertritt; freilich greift störend ein, daß seine Denkmäler die Akzentuation und Quantität unbezeichnet lassen, sein Wortschatz äußerst beschränkt bleibt und seine beiden Alphabete trotz ihrer für alle ältere Zeit unübertroffenen Genauigkeit und Reichhaltigkeit den Lautwert oft nur andeuten, statt ihn wiederzugeben. Fehlt ihnen doch ein eigenes Zeichen für den häufigsten Laut, das *j*, wodurch der Willkür der modernen Umschreibung, ja sogar Deutung, Tür und Tor geöffnet wurden: so führt man z. B. als 'altbulgarische' Formen *najьmъ*, *zajьmъ*, *ojьmi*, während die Texte nur die Formen *naimъ*, *zaimъ*, *oimi* kennen. Man versteht wohl, wenn in eine Urform **krajь* (bei Schleicher lautete es einst gar noch *krajь*) eingeführt wird, nicht aber, daß auch 'abg. *krajь*', ebenso 'abg. *mojь*' und alles ähnliche geschrieben, d. h. dem Systemzwang zu Liebe die einzig richtige schriftliche Überlieferung geändert wird. Ein **mojь* kannte ja das Abg. nicht, sonst wäre dies **moь* geschrieben, wie *moe* oder *moa* statt *moje*, *moja* geschrieben wird; die Formen *moi*, *krai* (denn nur solche Schreibungen kommen alt vor, erst in jüngerer Zeit auch ein *moĭ*, *kraĭ*), bedeuten einsilbige Worte schon zu Konstantins Zeit (850), nicht zweisilbige wie *konь* u. a., und ebensowenig darf an einem *naimъ zaimъ* u. a. geändert werden; Formen wie *najьmъ*, die das Serb., Poln. u. a. voraussetzen, sind vielleicht erst jüngere Neubildungen nach dem Muster *sъnьmъ*, das jedenfalls älter ist als serb. *sajam*, poln. *sjem*; was aber abg. *ojmi* 'Krieger' mit nordwru. *ojmovatь* (besitzen, zu '*jьm-*') gemein haben sollte, bleibt unergründlich; schon das individualisierende Suffix *-inъ* wiederlegt jede ähnliche Deutung und Schreibung mit *jь*. An diesem Beispiel ersieht man die Folgen der Abhängigkeit beider slavischer Alphabete vom griechischen, das kein *j* kannte.

Durch diese, zwar wohl gerechtfertigte, aber doch ganz einseitige Bevorzugung des Kirchenslavischen gerieten die modernen Slavinen, trotzdem die schriftlichen Denkmäler z. B. der Böhmen und Polen, wenn auch in ganz geringem Umfange bis ins dreizehnte Jahrhundert hinaufreichen, gar sehr ins Hintertreffen und erst als die neueste Forschung gerade auf Akzent- und Quantitätsverhältnisse Gewicht legte, gewannen sie neue Wertung.

Aber Kirchenslavisch teilt nicht nur die einstige kulturelle Geltung des Latein (im Vergleich zu Landessprachen), sondern auch die spezielle Geltung des Latein (als 'Muttersprache' der romanischen Sprachen) gegenüber den übrigen Slavinen. Zwar hat man längst alle übertriebenen Vorstellungen und Folgerungen aus einer solchen Stellung aufgegeben; das Kirchenslavische ist nicht Mutter, nur älteste Schwester der übrigen Slavinen, mit der sich jedoch schon im neunten Jahrhundert keine andere Slavine in Altertümlichkeit messen konnte; ein günstiger Zufall hat es gefügt, daß gerade aus dem konserviertesten aller Dialekte die alte Schriftsprache hervorging. Dies tritt schon in den Lauten hervor, vgl. namentlich die sog. Halbvokale, ungleich mehr in den Formen und Annahmen von besonderen alten Formen, die nicht im Kirchenslavischen vorlägen, stoßen von vornherein auf gerechten Widerspruch oder Zweifel; an den Fingern einer Hand sind aufzuzählen alte Formen, die dem Kirchenslavischen fremd wären, z. B. Part. Präs. Akt. *ida*, *nesa* (böhm. russ. poln.), Nom. Sing. *kry* 'Blut' (nur einmal in einer kirchenslavischen Quelle westlicher Provenienz, sonst neuslov. und poln.), Lok. Pl. *Poljás* (böhm.), Inf. *dvišti* (serb.), u. a. Allerdings wird immer wieder versucht, dem Kirchenslavischen unbekannte Formen in der modernen Überlieferung aufzufinden, aber die Versuche scheitern regelmäßig. So wird von verschiedenen Forschern ein Nom. Sing. **dī* 'Tag' (aus **dīn*) durch poln. *dzi-ś* 'heute' (angefügtes deiktisches *ś*) angesetzt, aber diese poln. Form lautet älter *dziňś* (aus *dienś*, polab. *dens*, mit einer kleinen vokalischen Unregelmäßigkeit) und enthält alles, nur kein **dī*. Oder in der neuesten Darstellung poln. Dialektologie, Krakauer Enzyklopädie 3 (1915) S. 274, wird als ein 'in keiner Slavine sonst (und Polabisch?) erhaltene Archaismus' nordpoln. und kaschub. *sietem* 'sieben' (neben *siódmy* 'siebenter' etwa wie ἑπτά neben ἕβδομος) dargestellt, während gegenüber dem einstimmigen Zeugnis aller Slavinen bis auf das wertlose des Polabischen diese vereinzelte Mißform entweder rein zufällig ist oder unter dem Einflusse aller anderen Zahlwörter von 5—10 mit ihren tonlosen Konsonanten verändert, ev. durch den tonlosen Anlaut (nordkasch. *setmy*) bedingt ist. Und ebensowenig enthält junges russ. *devjanosto* '90' das uralte **dsnto* von ἐνηνέκοντα oder *nonaginta* oder russ. *tě* 'diese' die Endung von ἀγαθοί oder neuslov. Nom. Du. *dvoru* die angebliche Grundform *-ōu* usw. Nur slavische Stammbildungslehre und Lexikon haben sich der Natur der Sache nach diesem Monopol des Kirchenslavischen seit jeher entzogen, während die Lautlehre erst in neuester Zeit wegen der oben erwähnten Momente der Intonation usw. vom Kirchenslavischen allein abzusehen beginnt; auch in der Syntax haben sich die modernen Slavinen ihr Feld erstritten, während für das gesamte Gebiet der Phonetik (Experimentalphonetik) sie allein in Betracht kommen, ebenso wie für Dialektologie. Aber gerade die wissenschaftliche Durcharbeitung der modernen Slavinen liegt vielfach noch im Argen; es fehlt zwar nicht an Monographien, wohl aber an zusammenfassenden Werken, die dem Sprachvergleicher die Forschung erleichtern oder ermöglichen; die philologischen Vorarbeiten, sogar die Lexikographie, sind vielfach erst im Entstehen begriffen; auf den einzelnen Gebieten liegen jedesmal die Verhältnisse anders und so darf bei einem Abriß der slavischen Sprachwissenschaft das philologische und einzelsprachliche Moment nicht ausgeschaltet werden, rächt sich doch an dieser Sprachwissenschaft die mangelhafte philologische Vorbildung stets aufs empfindlichste: tauchen hier doch fortwährend, auch in der neuesten Forschung, Ansichten auf, die auf einem auf feste philologische Vorarbeiten gestützten Gebiet unmöglich wären; die Umkehrung aller chronologischen Verhältnisse, die Nichtberücksichtigung entscheidender Einzelheiten, unmöglich in dieser Art bei Latein, Griechisch, Germanisch, Indisch, ist fürs Slavische eine tägliche Erscheinung und hemmt empfindlich den Fortschritt.

Die slavischen Sprachen fallen sonst durch ihre Konservierung auf; noch heute können Polen oder Russen zahlreiche Satzteile bilden, identisch mit denen ihrer Vorfahren vor einem vollen Jahrtausend; namentlich gilt dies natürlich für die Schriftsprachen. Daher tragen diese Sprachen den Stempel ihrer Verwandtschaft deutlich auf der Stirn; die russische Sprache und die (kirchen)-slavische ist eins, sagt der alte Chronist 'Nestor'; die böhmischen und polnischen Chronisten nennen ihre Sprachen nicht böhmisch oder polnisch, sondern 'slavisch' (Cosmas und Gallus); ein anderer Chronist meint in Bezug auf Polen und Böhmen, non multum dissonant in idiomate slavice lingue. Ja noch mehr, die relative Durchsichtigkeit dieser Sprachen führte dazu, daß man, ohne den wahren Grund davon zu ahnen, schon im Mittelalter ihre Verwandtschaft mit dem Latein erkannte: sclavica lingua in plerisque vocibus latinitatem attingit lesen wir im zwölften Jahrhundert bei dem Biographen des h. Otto von Bamberg, des Bekehrers der Pommern, der keinen Anstand nimmt, pommer. *kǫtina* (= altbulg. *kǫšta* 'Haus') von continere herzuleiten; kein Wunder daher, daß in das Lexicon Symphonum des Böhmen Sig. Gelenius (1538 und 1544) das Slavische Eingang fand neben Latein, Griechisch, Deutsch.

Neben der Altertümlichkeit der Sprachen — haben doch manche von ihnen den Dual oder Aorist und Imperfekt bis in unser zwanzigstes Jahrhundert gerettet — zeichnen sie sich durch eine gewisse Einfachheit aus, in Lauten wie in Formen. Sie monophthongisieren alle Diphthonge, lassen alle aspirierten Laute mit nicht aspirierten zusammenfallen, alle *a*- und *o*-Laute sowie das Schwa in (ursprünglich) langem *a* und kurzem *o* zusammenfließen, die kurzen *ĭ*, *ŭ* meist völlig verschwinden. Allerdings bringen sie dafür neue Laute auf, ein *ch*, das aus verschiedenen Lauten, nicht nur aus *s* herstammt; besonders ändert das *j* vorangehende Konsonanten, wodurch die fürs Slavische so charakteristischen Quetschlaute entstehen.

In der Formenlehre büßte namentlich das Verbum seine alte Fülle ein; Modi und Zeiten werden oft nicht mehr unterschieden, einige Lücken durch neuere Zusammenrückungen ergänzt, das Hauptgewicht nur auf die Bezeichnung der Aktionsarten gelegt. Dagegen hat das Nomen (bis auf konsonantische Stämme) vieles Alte bewahrt. Gar altertümlich ist die Syntax und man hat oft die russische mit der homerischen verglichen. Der Wortschatz hat stärkere Veränderungen erlitten; aber während das Deutsche in seinen romanischen Elementen einer einseitigen Beeinflussung erliegt, ist Slavisch von den verschiedensten Seiten her, aus Orient und Okzident, gemodelt. Die westslavischen Sprachen wimmeln mitunter von Germanismen, die nicht nur das Lexikon, sondern sogar die innere Sprachform und Syntax beeinflussen; nur zu oft wird hier deutsch Gedachtes bloß mit slavischen Worten wiedergegeben. Die südlichen, weniger in der Schrift als beim Volk, sind reich an Romanismen (das Neuslovenische auch überreich an Germanismen) und Orientalismen (türkischen Elementen), die mitunter für die elementarsten Begriffe eintreten; das Russische der Schriftsprache erhält sich am reinsten; das Polnische hat die meiste Einbuße einheimischen Sprachgutes erlitten; gemäß seiner zentralen Lage sowie der einstigen Alleinherrschaft des Latein ist es den kompliziertesten Einwirkungen von West, Süd und Ost ausgesetzt gewesen. Neben diesen Einwirkungen aus der Fremde haben einzelne slavische Sprachen von einander manches entlehnt, das Russische aus der Kirchensprache, die sogar noch die heutige russ. Orthographie souverän beherrscht, sowie Kulturwörter aus dem Polnischen; das Polnische einiges Abstrakte aus dem Böhmischen; alle verdanken ihre kirchliche Terminologie dem slavischen Süden. Aber die moderne Sprachwissenschaft hat daraufhin sehr viel gesündigt, die übertriebensten Vorstellungen von Entlehnungen, namentlich aus dem Germanischen, sind noch im Schwange und das Allheilmittel bei irgendwelchen lautlichen Auffälligkeiten ist, das betreffende Wort als aus einer andern Slavine entlehnt auszuscheiden.

Durch diese Verdächtigung als germanische Entlehnung wird kostbares Sprachgut verschleudert, so wenn z. B. poln. *chąśba* 'Diebstahl', durch Suidas schon als bulgarisches χόνσα dass. gesichert, aus deutsch Hansa hergeleitet wird, oder *chъlmъ* 'Hügel' (in unzähligen Kulmen, Golmen usw. über ganz Ostdeutschland verbreitet) aus nord. *holmr*, was abgesehen von der absoluten Unwahrscheinlichkeit einer derartigen Entlehnung, durch die Nebenform **šъlm*, russ. *šolom*, direkt widerlegt wird; bei urslav. *meľko* 'Milch' täuschte nur die Gleichheit von Laut und Bedeutung, *meľko* ist nicht aus *miluks* usw. entlehnt, noch damit verwandt, und nur der Zufall brachte beide Worte zusammen. Die Arbeiten von Hirt, Uhlenbeck u. a. wimmeln von derlei ganz unmotivierten Entlehnungen; unter den Slaven selbst hat Gebauer viel gesündigt; die Entlehnungen, die er für altböhmische Wörter statuiert, sind alle falsch, so kann z. B. *honositi se* 'prahlen' aus lat. honos (dann müßte es **honořiti* lauten) unmöglich entlehnt sein; *koprvadlo* 'Deckel', aus *pokryvadlo* dass. umgekehrt, soll durch cooperculum beeinflußt sein; mittelhochdeutsche Wörter werden erfunden, um böhmische, die etwas ganz anderes bedeuten, zu erklären usw. Sogar auf syntaktischem Gebiete wird zu Unrecht deutscher Einfluß angenommen, z. B. wenn einzelne Slaven heute nach deutscher Art vierundzwanzig statt zwanzig vier sagen sollen, so vergißt man, daß jene Zahlstellung uralt ist, vgl. den altböhmischen Ausdruck für derartige Zahlen.

Die Annahme von Entlehnungen aus slavischen Sprachen unter einander hat die Einsicht in alte Lautverhältnisse vielfach ganz verbaut und man irrt hier auf Schritt und Tritt. Es weist z. B. das Slavische *ǫ*- und *u*-Doubletten vielfach auf, so hat z. B. in denselben Worten das Polnische *ą* (= *ǫ*) und *u*, *wnęk* und *wnuk* 'Enkel', das Bulgarische *ъ* und *u*; weil nun andere Slavinen für *ǫ* ein *u* haben, so sah man diese polnischen und bulgarischen *u*-Formen einfach als entlehnt aus dem Böhmischen, Russischen oder Serbischen an und erledigte so ein äußerst interessantes Problem kurzerhand als nicht existierend. Und doch greift diese Erscheinung tief, heute leitet man schon böhm. *kusiti* auf *kusiti* und das identische *kousiti* auf *kǫsiti* zurück; das unerklärte *Bǫd-* der Personen- und Ortsnamen (*Budyšin* 'Bautzen' u. a., poln. *Bątków*, *Bądzieszyn* usw.) ist nur Doublette von dem wohlbekannten *Bud-*. Auf Kosten der Wahrheit somit erzielten Sprachforscher stets ein gar trügerisches Bild gleichförmiger Regelmäßigkeit. So hat das Kaschubische bei der *tort*-Form bald *tart*, bald *trot*; die *tart*-Formen allein wurden nun ihm zugeeignet, die *trot*-Formen dagegen sollte es aus dem Polnischen entlehnt haben, oder polnischem Einfluß verdanken, als ob dies möglich oder denkbar wäre. Auf die Behandlung der *tort*-Formen allein sollen in allen slavischen Sprachen zusammen recht verschiedene, slavische und nichtslavische Sprachen untereinander gewirkt haben; die bloße Konstatierung dieses augenscheinlich unmöglichen 'Faktum' reicht aus, um alle diese fremden Einwirkungen auf die heimischen Laute in das Gebiet der Fabel zu verweisen. Niemals trägt man sporadischen Erscheinungen gebührende Rechnung; weil der, nach Ausweis alter Quellen notwendige Ansatz *čłověkъ* 'Mensch' ungewöhnlich scheint, setzt man eine Grundform *čelověkъ* ein, der 'nichts entgegensteht', während in Wirklichkeit sie gerade ausgeschlossen ist, denn das altslv. kennt kein *čelo-* oder *čьlo-*, das altböhm., altpoln. *w człowiece* beweisen ebenso, daß die Grundform keinerlei vokalische Elemente zwischen *č* und *ł* kannte; *čłověkъ* ist somit die Grundform, ebenso aus **čołvěkъ* umgestellt, wie die uralte Entlehnung *kłobukъ* 'Hut' aus **kołbukъ*, die man viel zu jung ansetzt; Formen wie *čołv-* hatte das Urslavische mehrfach, z. B. *čołnъ* 'Glied', daraus südslav. usw. *članъ* dasselbe, *žołbъ* 'Rinne', daraus *žlabъ* usw. Doch erscheint die Vermutung, daß dieses *čołn-* vor harten Lauten mit *čelń-* vor weichen gewechselt (und dann ausgeglichen wäre), als reine Willkür, vgl. *čołvěkъ*. Ebenso willkürlich verfährt man z. B. mit *modła* 'Bitte', umgestellt aus *małda* (lit., dasselbe), doch nicht, wie naiver Weise geäußert wurde, um es von *mołda* 'die junge' zu differenzieren (!); das Faktum der einfachen Umstellung (vgl. o.) wird nicht beseitigt durch die ganz überflüssige Frage: 'warum sollte gerade hier die Liquidametathesis unterblieben sein?' noch durch die unmögliche Erklärung des *modła* aus **mold-la* mit dissimilatorischem Schwund des ersten *l*. Wenn die angebliche alte Form poln. *we młodości* 'in der Jugend' u. a. als Beweis für ein ursprüngliches *we m°łodości* angeführt wird (der Halbvokal der Präposition wird nämlich vor einem Halbvokal der folgenden Silbe stark, zu vollem *e*), und darauf nun weitergebaut wird, so ist auf Grund der Quellen das Trügerische dieser Annahme ohne weiteres zu erweisen. Allen derartigen Fehl- und Trugschlüssen hätte vorgeschrittenere philologische Arbeit wohl für immer vorgebaut; sie sind nur auf slavischem Boden möglich und heimisch.

Diese philologische Arbeit begann erst mit dem 'Vater der slavischen Philologie', dem böhmischen Abbé Jos. Dobrowský und seinen Hauptwerken, Geschichte der böhmischen Sprache und Literatur 1792, Ausführliches Lehrgebäude der böhmischen Sprache 1809 (1819, nachgeahmt alsbald von anderen für andere Slavinen), Institutiones linguae slavicae dialecti veteris 1822. Wohl können wir heute einzelnes dieser Lebensarbeit beanstanden, Willkür in den Paradigmen, Verkennung wichtiger Momente (z. B. der Nasalvokale), Kleben an hergebrachter, falscher Tradition, Mangel historischen Sinnes (wie es für einen Vertreter der alten philosophierenden Grammatik erklärlich bleibt), aber was besagen alle diese Mängel gegen die gewaltige Leistung im Ganzen? Bloße Wortvergleichungen lagen ihm fern, obwohl an einzelnen von ihnen die schärfste Kritik von heute nichts auszusetzen hätte, z. B. *žrati* = *vorare*, *žluč* = χλοή, *zrno* = *granum*, *zima* = *hiems*, *želud* = *glans* u. a.; denn er erkannte, daß das entscheidende Moment nicht im zufälligen Wortanklange, sondern in dem Bau und Organismus der Sprache liege. In diesen drang er zum erstenmal ein; seine Einteilung des slav. Verbum in 6 Konjugationen (nach dem Inf., wie im Latein) übernahm ein Menschenalter später Miklosich und 1909 Vondrák (gegen die Einteilung nach dem Präsensstamm von Schleicher-Leskien). Ihm verdanken wir die erste Stammbildungslehre, aber vor allem die erste wissenschaftliche Erschließung des Kirchenslavischen auf Grund reichen handschriftlichen Materials, und damit war die Grundlage vergleichender slavischer Grammatik für immer hergestellt, der Sinn für das Aufgeben der bisherigen Isolierung in der Behandlung von Sprache und Lexikon, für die Stellung höherer, gemeinsamer Aufgaben geweckt; auf der Grundlage der Sprache selbst erwachten die Interessen für Überlieferung, Geschichte, Volkstum, Literatur, die noch bei Dobrowský selbst reifes Verständnis, bei seinen zumal böhmischen Nachfolgern enthusiastische Pflege fanden.

Gleichzeitig legte Grund für slavische Lexikographie der Deutschpole S. Linde in seinem sechsbändigen Wörterbuch der polnischen Sprache 1807—1814, das nicht nur den polnischen Wortschatz von 1550—1800 umfaßte und deutete, sondern den Sprachschatz aller übrigen Slaven heranzog. Zu diesen beiden gesellte sich wieder der jüngere Zeitgenosse, der Deutschrusse Al. Vostokov (Ostenneck), ein hochverdienter Forscher, der, im Gegensatze zu allen Russen abgesagter Feind jeglichen Theoretisierens, in seiner Betrachtung über die slavische (d. i. kirchenslavische) Sprache (russ., 1820), durch seine mustergültige Ausgabe des Ostromirevangelium (altrussisch-kirchenslavischer Text vom Jahre 1056), 1843, sowie der Freisinger (altslovenischer) Texte des elften Jahrhunderts, 1827, und sein zweibändiges kirchenslavisches Wörterbuch (1858—1861), endlich durch seine russ. Grammatik mit ihrem trefflichen Akzentmaterial, die junge Wissenschaft gefördert und ihr vor allem in Rußland die Wege gebahnt hat; durch die Vergleichung mit dem Polnischen stellte er den Nasalismus des Altkirchenslavischen fest und berichtigte andere Irrtümer Dobrowskýs. Neben ihnen hätte nach seinem reichen Wissen und kritischen Talent der Eigenbrödler Barth. Kopitar, ein Neuslovene, hervorragenden Platz einnehmen können, wenn er außer der Herausgabe des Glagolita Clozianus, eines 'altbulgarischen' Denkmals, und des altpolnischen Florianerpsalters des vierzehnten Jahrhunderts irgend einen seiner groß angelegten Pläne ausgeführt hätte; ein großes Verdienst um die Slavistik bleibt seine energische Förderung der lexikalischen und anderen Arbeiten des Serben Vuk Karadžić, des ersten slavischen Folkloristen großen Stiles, der in seiner Grammatik der serbischen Sprache nach der Redeweise des einfachen Volkes (serb., 1814) zuerst das echte Serbisch statt des bisherigen Kauderwälsch der kirchenslavisch-serbisierenden Schriftsprache darstellte und in seinem Wörterbuch (Wien, 1818, mit einer Grammatik, die in deutscher Übersetzung mit einer Vorrede von Jakob Grimm 1824 erschien), zum ersten Male unter allen Slaven die Volkssprache allein, auch mit ihren obscoena, fixierte (2. erheblich erweiterte Auflage 1852, ohne die Obscoena), und so für alle Zeiten die moderne serbokroatische Literatursprache mitgeschaffen hat. Unter den gleichzeitigen Böhmen ragte hervor W. Jungmann mit seinem ausführlichen trefflichen Wörterbuch der böhmischen Sprache (1834—1839, doch sind überflüssiger Weise manche russische und polnische Wörter mit aufgenommen); P. J. Safařík war ungleich mehr Altertums- und Literaturforscher und hat nur durch Herausgabe alter böhmischer sowie serbischer Texte (Serbische Lesekörner 1833, ein philologischer Kommentar zu der unveröffentlichten Sammlung altserbischer Urkunden; seine Denkmäler des alten Schrifttums der Südslaven 1851 enthalten die pannonischen Legenden u. dgl. m.; Denkmäler des glagolitischen Schrifttums u. a.), sowie durch sein glänzendes, entscheidendes, wenn auch nicht gleich nach Gebühr gewürdigtes Eingreifen in die Geschichte der beiden slavischen Alphabete das sprachliche Studium gefördert (Über den Ursprung und die Heimat des Glagolitismus, 1858); ein 'größeres Werk über die Sprachforschung' ist geplant geblieben, dafür schrieb er Skizzen grammatischen Inhaltes über Wurzeldetermination, Reduplikationsbildungen, Wandel der Gutturale u. a. Unter den gleichzeitigen russischen Slavisten verdient außerdem besondere Erwähnung Vic. Grigorovič, der auf seiner Balkanreise 1844/1845, die sich bis zum Athos erstreckte, nicht nur Reste der Nasalität im mazedonischen Süden feststellte, sondern Handschriften oder Kunde von Handschriften mitbrachte, die die kirchenslavische Grammatik umwälzen sollten. Diese verehrte bis dahin das in Großnovgorod geschriebene Evangelium Ostromiri vom Jahre 1056/57 als ihre eigentliche Grundlage, noch Leskiens Handbuch des Altbulgarischen war in seiner ersten Auflage von 1871 auf dem Ostromir aufgebaut und teilte als Hauptstück daraus das Johannesevangelium mit, während von der zweiten Auflage ab der Ostromir daraus so gut wie verschwunden ist; die Athoshandschriften dagegen, neben dem Glagolita Clozianus des Kopitar, zu denen sich bald der Codex von Suprasl, sowie in späterer Zeit die Sinaihandschriften (Psalter und Euchologium), die Evangelistarien des Asşemani und Sava, besonders auch die uralten Kiewer Blätter eines römischen Missales aus dem zehnten Jahrhundert hinzugesellen sollten, weisen ein älteres und reineres Kirchenslavisch auf, wie es auf die Tradition der Slavenapostel selbst zurückgeht, während der Ostromir eine nach Lauten, Formen und Lexis vielfach jüngere Redaktion darstellt.

Die Grigorovič'schen Funde brachten eben die Alphabetenfrage in neuen Fluß. Das auf alter griechischer Unziale beruhende sog. Cyrillische Alphabet, das den modernen Alphabeten der Ost- und Südslaven zugrunde liegt, galt längste Zeit als das Alphabet der Slavenapostel selbst, trägt es ja doch den Namen des einen; das andere, auf den Augenschein hin ganz absonderlich verschnörkelte Alphabet, das sog. glagolitische, von dem erst neuere Forschung feststellte (vgl. die Graphik der Slaven von Gardthausen-Jagić, Petersburger Encyklopädie der slavischen Philologie, Heft 3, 1911), daß auch es auf die griechische Minuskelschrift zurückzuführen ist, galt noch für Dobrowský als jüngere Erfindung im Verlaufe konfessioneller Kämpfe und Verdächtigungen, womöglich erst des dreizehnten Jahrhunderts. Schon der Glagolita des Grafen Cloz hatte diese Annahme unmöglich gemacht; unter dem Eindrucke der Funde von Grigorovič revidierte nun Šafářík seine eigene Meinung, glaubte in dem Schüler Methods, dem h. Clemens, den Erfinder des nunmehr jüngeren cyrillischen Alphabetes feststellen zu können, die Glagolica dagegen den Slavenaposteln selbst zuschreiben zu müssen: eine glänzende Kombination, die heute ziemlich allgemein, sogar in Rußland trotz der vorgefaßten Meinungen zugunsten der Ursprünglichkeit der eigenen Cyrillica, sich Bahn gebrochen hat.

Damit erst ist der genial erdachte und genial durchgeführte Plan Konstantins in seiner vollen Bedeutung gewürdigt. Nach der graphisch-linguistischen Seite ist sein Werk die bedeutendste Leistung der Art in dem ganzen mittelalterlichen Europa: freilich, wer an ihm als dem Erfinder der Glagolica festhält, wird a priori dem Gedanken zustimmen, daß der Kenner orientalischer Alphabete eklektisch verfahren, aus ihnen Zeichen entlehnen konnte (ein bis heute trotz Taylor-Jagić nicht geklärtes Moment). Und noch bedeutsamer war Konstantins Werk nach der sprachlich-politischen Richtung: es brachte die Einigung aller Slaven auf eine einzige heilige Sprache, der die profane hätte folgen können, indem der konservierteste, d. h. allen verständlichste Dialekt über alle Einzel verschiedenheiten hinaus zum alleinigen Träger der Schriftsprache bewußt erhoben wurde. In diesen Plan Konstantins haben die merkwürdigen Kiewer Blätter, wohl das älteste erhaltene Schriftstück, die erste Bresche gelegt, indem sie in ihr sonst tadelloses Altkirchenslavisch statt der südlichen *št-*, *žd-*Laute die westlichen *šč*, *c*, *z* (speziell böhmisch-mährisch!) einführten, um dem Landesdialekt förmlich entgegen zu kommen: nach der gewöhnlichsten, plausibelsten Erklärung, die aber zugleich die unwahrscheinlichste ist, denn die Ausmerzung eines einzigen lautlichen Zuges, so auffallend er auch sein mochte, konnte den fremden südlichen Dialekt dem eigenen böhmischen nicht besonders nahe bringen. Ein anderer Ausweg ist aber bisher nicht gefunden, da auf dem Balkan wenigstens *tj*, *dj* zwar die verschiedensten Wandlungen, nur nicht die zu *c*, *dz* (*z*) erfahren haben. Oder sollte dies nur ein erster Schritt auf einer Bahn sein, die nur durch die Aufhebung der slavischen Liturgie in Mähren-Böhmen ihre Fortsetzung nicht mehr fand?

Miklosich.

Von diesen Vorarbeiten ist bedingt gewesen die bereits im Fahrwasser der vergleichenden Sprachwissenschaft treibende Lebensarbeit von Franz Miklosich, ein Werk von unvergänglicher Bedeutung für alle slavische Sprachkunde; unübertroffene Ausnützung von Zeit und Kraft, unverdrossene, planmäßige Arbeit, ausgebreitetstes Wissen und ein feiner Spürsinn haben ihre Ausführung ermöglicht. Einen starken Anstoß zu seinen slavistischen Studien erhielt der einstige Advokaturpraktikant von seinem Landsmann Kopitar, dessen Einfluß er sich in einer wichtigen Frage Zeit seines Lebens nicht zu entziehen vermochte. Der Russophobe und Austrophile Kopitar hatte nämlich in seinem slovenischen Patriotismus die Heimat des Altkirchenslavischen gegen die richtigeren Anschauungen der gleichzeitigen Böhmen und Russen nach Pannonien in die Nähe seiner Slovenen verlegt; daran hielt nun Miklosich fest und konstruierte eine Slovenenkette von der Mur bis Saloniki, die später von Serbochorvaten durchbrochen wäre; er benannte daher das Altkirchenslavische stets nur Altslovenisch, brachte es so in den engsten Zusammenhang mit Neuslovenisch, woran er erst das Bulgarische anreihte. Ihm wie Kopitar wurde der Ursprung der Kirchensprache auf pannonischem Boden (am Plattensee) erwiesen durch den starken deutschen Einschlag in ihrer christlichen Terminologie, den sie auf Salzburgs Missionstätigkeit allein zurückführten; sie sprachen daher stets von den 'Pannonismen' des Altkirchenslavischen, von den ältesten 'pannonischen' Denkmälern, und diese irreführende Ausdrucksweise wird noch heute fortgesetzt. Aber in diesem Pannonien selbst haben die Slavenapostel nicht so viel Monate, als in Mähren Jahre, verbracht; bei ihrer Tätigkeit spielte der pannonische Kozel nur eine ganz vorübergehende Episode, die Mährerfürsten, erst Rostislav, dann Sventopełk, dagegen die Hauptrollen; man könnte daher mit ungleich mehr Recht von ihren Moravismen sprechen, hatte doch auch Mähren schon, nicht nur Pannonien deutsche Missionstätigkeit erfahren. In ihren mazedonischen Dialekt, aus Saloniki und seiner Umgebung, haben die beiden Brüder die in Mähren vorgefundene christliche Terminologie aufgenommen; auf bulgarischem Boden ist dann ihre bloß liturgische Sprache zu einer Literatursprache umgeschaffen, die man daher auch kurzweg als altbulgarisch (mit Schleicher u. a.) bezeichnen kann, während sie sich selbst 'slavisch', *slověnьskъ*, nannte; die Bezeichnung altkirchenslavisch (im Gegensatze zu dem jüngern, lokal — d. h. bulgarisch, serbisch, russisch gefärbten kirchenslavisch vom elften Jahrhundert ab) entspricht am besten dem Sachverhalte. Auch in einigen andern Punkten verblieb Miklosich auf dem einmal angenommenen Standpunkte, so bekehrte er sich nicht zu dem Ansatz urslavischer Nasalvokale; noch im Etym. Wörterb. figuriert im Lemma *sventъ* statt *svętъ* (führte er doch z. B. den böhmischen Ersatz auf *en*, nicht auf *ę* zurück); ebenso ein *e* statt der Halbvokale, z. B. *stelpъ* statt *stьlpъ*; an der alten Gunatheorie hielt er noch ausdrücklich 1886 fest, s. Etym. Wörterb. S. 94 f.

Eine ausführliche Besprechung von Bopps Vergleichender Grammatik eröffnete bezeichnenderweise seine wissenschaftliche Laufbahn 1844, worauf die Radices linguae slavicae 1845 folgten, der Kern seiner lexikalischen Arbeiten, die in dem Lexikon palaeoslovenico-graeco-latinum (1862—1865) gipfelten, in dem neben Wiener und Agramer Handschriften alles im Druck Vorliegende (z. B. russischer Ausgaben) erschöpft wurde, was gar verschiedenartiges, auch spätes umfaßte. Seine grammatischen Arbeiten sind, außer in einer Reihe von Abhandlungen in den Wiener Denkschriften und Sitzungsberichten, niedergelegt in der vierbändigen Vergleichenden Grammatik der slavischen Sprachen. Der erste Band, Vergleichende Lautlehre, erschien 1852 und bedeutete die Übertragung von Grundsätzen und Methoden eines Sprachvergleichers wie Bopp und eines Sprachhistorikers wie Grimm auf alle slavischen Sprachen: ein bisher von niemandem geplantes noch geahntes Unternehmen, daher von geradezu epochaler Bedeutung für die slavische Sprachwissenschaft, hatte doch vor ihm niemand an eine erschöpfende Darstellung dieses ganz vernachlässigten Gebietes auch nur gedacht. 1856 erschien die Vergleichende Formenlehre; 1868—1874 die Syntax; 1875 die Stammbildungslehre; 1879 erschien in zweiter Ausgabe die Lautlehre, um das doppelte vermehrt und von Grund aus umgearbeitet, 1876 ebenso die 'Wortbildungslehre'; 1883 der zweite, unveränderte Abdruck der Syntax. Da die erste Auflage der Laut- und Formenlehre heute nur noch einen historischen Wert hat, sei hier nur die zweite besprochen.

Es werden zehn slavische Sprachen behandelt; nach der Bemerkung 2, 201 zuerst "die altslovenische d. h. die Sprache der pannonischen, dann die Sprache der karantanischen und der bulgarischen Slovenen"; es ist schon hervorgehoben, daß dies ein Irrtum ist; das 'Altslovenische' ist nicht die Sprache der pannonischen Slovenen, es hat ja keine besonderen pannonischen Slovenen gegeben; es reichte eben vor der Invasion der Ungarn das neuslovenische Gebiet in das alte Avarenland bis über den Plattensee hinaus und hier herrschte der sog. pannonische Fürst und deutsche Vasall Kozel, bei dem Constantin und Method sich vorübergehend aufgehalten haben, dem sie ihren mazedonischen Dialekt aufdrängten, einen Dialekt, dem unter allen südslavischen gerade der neuslovenische am entferntesten, der bulgarische am nächsten liegt; nichts berechtigt uns nämlich zu der Annahme, als wäre altkirchenslavisches *št*, *žd* für *tj*, *dj*, *stj*, *zdj*, erst unter Zar Simeon auf bulgarischem Boden in unsere Texte aufgenommen; es hätte somit den wirklichen Verwandtschaftsgraden gemäß das Neuslovenische hinter Bulgarisch und Serbochorvatisch gestellt werden sollen. Es folgt Kleinrussisch und Russisch, die ganz getrennt behandelt werden; das Weißrussische wird mehr nur ab und zu unter dem Kleinrussischen mit erwähnt. Auch diese Einteilung ist zu beanstanden; für einen, der das Slovakische nicht vom Böhmischen trennt, lag auch kein Grund vor, das Kleinrussische vom Russischen abzusondern, denn das Kleinrussische steht zum Russischen nicht in demselben Verhältnisse wie etwa zum Polnischen oder Serbischen, sondern in einem ungleich innigeren. Russisch, Weißrussisch, Kleinrussisch sind dreifache Entwicklung eines Ur- oder Altrussischen und wenn dies von den Kleinrussen bestritten wird, z. B. mit Anwendung komplizierter wissenschaftlicher Methoden von St. Smal-Stockyj und Th. Gartner in ihrer sonst ganz vortrefflichen Grammatik der ruthenischen (ukrainischen) Sprache, Wien 1913, so entscheiden hierfür nur nationalpolitische, separatistische, nicht linguistische Momente. Es folgt die 'čechische' Sprache, bei der auch das Slovakische, allerdings konsequenter, reichhaltiger als das Weißrussische unter Kleinrussisch, mitbehandelt wird. Beim Polnischen wird Kaschubisch und, vereinzelter, auch das 'Polabische' (ein falscher Name, seit dem Polyglotten-Wörterbuch der Kaiserin Katharina II im Schwange; richtiger wäre Salabisch) berücksichtigt. Den Beschluß machen 'ober'- und 'niederserbisch'. Gegen diese Einteilung der slavischen Sprachen kann man somit prinzipielle Einwendungen ohne weiteres geltend machen.

Was den Umfang anbelangt, nimmt die Lautlehre des Altslovenischen mehr als die Hälfte des Bandes ein, Ober- und namentlich Niederserbisch sind auf wenige Seiten beschränkt; in der Formenlehre ändert sich das Verhältnis, das Altslovenische nimmt von den 533 Seiten nur noch 128 ein. Die Materialfülle ist eine ganz unglaubliche, geradezu erdrückende; daß so Vieles auf knappem Raume gesagt werden konnte, erreichte Miklosich durch eine vielfach wohltuende, aber mitunter doch unheimliche Kürze des Ausdruckes; man muß oft auf die bloßen Interpunktionszeichen aufs genaueste achten, um keinen falschen Zusammenhang aufkommen zu lassen. Und dasselbe gilt von allen Werken Miklosichs, die meist nur die Form lexikalischer Aufzeichnungen haben, die an die Aufmerksamkeit des Nachschlagenden die höchsten Anforderungen stellen und öfters, infolge der übergroßen Knappheit, ihn im Unklaren lassen. Sie entschädigen durch das Riesenmaterial — kehrt man nach Jahren zu Miklosich zurück, so staunt man immer von neuem über die schier unglaubliche Reichhaltigkeit der Zusammenstellungen und man findet, wie im Grunde genommen er bereits alles, wie Grimm, gesehen und notiert hat; nur hat er es nicht für nötig gehalten, sich bei allem aufzuhalten und aus allem die nötigen Folgerungen zu ziehen.

Sein Material veraltet auch nie, wohl aber ist seine Auffassung ganz veraltet. Er teilt noch in der Behandlung des Stoffes, zumal der Lautlehre, den Standpunkt eines Bopp und Pott, Curtius und Schleicher; er fragt nur selten nach dem Grund des Auseinandergehens z. B. bei Lautvorgängen; die Grundform ergibt bald dies, bald jenes und nur ausnahmsweise wird der Grund warum? erörtert. Er hält noch immer an den 'Grundvokalen' fest, an *a*, das allerdings in ein a^1, a^2 geteilt werden kann, *i*, *u*; bei den Gutturalen spricht er schon deutlicher von einem *k* und k^1, von einer urzeitlichen 'Spaltung'. Dagegen hat er für den doppelten Wandel der Gutturale im Slavischen das richtige getroffen; 1, 257 "hält er daran fest, daß in einer früheren Periode die *č*-, in einer späteren hingegen die *c*-Konsonanten an die Stelle der *k*-Konsonanten traten . . . neben *otročištь* hat Plur. Nom. *otrokê* Imper. 2, 3, Sing. *pьkê* bestanden, woraus sich später *otrocê* (lit. *-kai*), *pьcê* und daraus *otroci*, *pьci* entwickelt haben; in verschiedenen Perioden sind verschiedene Richtungen in der Entwicklung der *k*-Laute herrschend gewesen, auf die *č*-Periode wäre die *c*-Periode gefolgt". Die Fassung ist immer eine höchst vorsichtige; so sagt er z. B. über das *l* epentheticum bei den Labialen: "es ist nicht allgemein slavisch, da es dem čech., pol., oserb., nserb. fehlt" usw. und doch setzt er im Etym. Wörterb. die Lemmata mit dem *l* an, *bljud-* 'beobachten', *bljudo* 'Schüssel' usw. Über ein bloßes Schwanken kommt er vielfach nicht heraus, z. B. 1, 479: "*kê* wird *ča*, wenn *ê* gedehntes *e* ist, *kê* wird aslov. *cê*, wenn *ê* ein *i*-Laut ist; diese Wandlung ist dem Russ. fremd: *rukê. nogê. duchê.* Diese Formen kann man auch für junge Analogiebildungen halten und sich auf Formen wie *reketь* berufen: zur Unterstützung der gegenteiligen Ansicht verweise ich auf die Jugend der *c*- aus den *k*-Lauten. Dagegen dürfen adv. wie *blaze*, *boloze*, die doch auch Sing. Lok. N. sind, eingewandt werden".

Für seine Methode ist die Behandlung der Liquidagruppen charakteristisch. Es heißt 1, 29: "Die Lautgruppen *tert*, *telt*, bieten den Sprachorganen einiger slavischer Völker Schwierigkeiten dar, sie werden daher gemieden und A) dadurch ersetzt, daß der Vokal *e* schwindet, wodurch *r*, *l* silbenbildend werden; B) dadurch, daß bei der Metathese des *r*, *l* der Vokal *e* gedehnt, d. h. in *ê* verwandelt wird. Das Klr., wr., r., p., os-, ns. haben den Vokal *e* bewahrt; urslav. *berdo*; alsov. *brьdo*, d. i. *brdo* r. *berdo* . . . Ursprachliches marti wird urslav. *merti*, daraus aslov. *mrêti* mori". S. 31: es "ist von einem urslav. *tert*, *telt* auszugehen, worauf vor allem die Formen *trt*, *tert*; *tlt*, *telt* beruhen . . . Aus urslav. *tert*, *telt* entstehen, vielleicht durch den Einfluß des Akzentes, auch die

Formen *trêt*, *teret*, *tret*; *tlêt*, *telet*, *tlet*. In der Zone B) (Sprachgebiet der Russen) wird zwischen *r*, *l* und *t* der Vokal *e* eingeschaltet". S. 86: "dem *brada* liegt nicht zunächst *bărda* aus *börda* zugrunde, *črêpъ* ist nicht zunächst aus *čerpъ* entstanden". Daß der Akzent nichts damit zu tun hat, daß die verschiedene Behandlung des '*tert*' auf verschiedene Grundformen, *tъrt* (*tьrt*) und *tert*, zurückgeht, davon ließ sich Miklosich erst nach dem Erscheinen des Etym. Wörterb. überzeugen. Ebenso ablehnend verhielt er sich gegen Baudouins triftige Erklärung des sog. euphonischen *n* (in den Glottologičeskija zamětki 1, 1877), er nennt es dunkel 1, 214; "das Bestreben, die Zahl der die Aussprache erleichternden Elemente immer mehr einzuschränken, hat die Sprachforscher bestimmt zu versuchen, ob es nicht gelänge, dieses *n* als Teil des Präfixes oder der Präposition nachzuweisen . . . Was mich abhält, diese Lehre anzunehmen, ist der Umstand, daß, wenn *sъ*, *są* deshalb durch *sъn* ersetzt werden mußte, daß es eigentlich *sъn* ist, man nicht einsähe, warum man *sъ otьcemь* und nicht *sъn otьcemь* sagt . . . muß fragen, wie man *do njego*, *pri njemь* usw. erklärt". Er bleibt bei dem, daß es hier ein parasitischer Einschub ist, Hiatus aufhebend, als bei dem wahrscheinlichen, freilich fügt er S. 189 hinzu "so lange als keine befriedigendere Deutung aufgestellt wird".

Kein Wunder daher, daß namentlich das Kapitel von den Endungen am wenigsten befriedigt. So sagt er 2, 2: "das im Anlaut des Stammes stehende *a* geht im Mask. in *ъ* über, *rabъ*, im Neutr. in *o*, *město*, worin ich eine auf slavischem Boden eingetretene Differenzierung erblicke", als ob dies eine Erklärung, nicht eine Tautologie wäre. Oder S. 8: "Plur. Dat. das aind. Suffix *bhjas* lautet aslav. *mъ*, indem *bh* in *m* überging, *j* ausgestoßen ward und an die Stelle des *as* wie sonst *ъ* trat". Eine grob mechanische Auffassung, als ob der Urslave die Kasusform aus Stamm und Endung selbst bildete, durchzieht die Darstellung, vgl. Wendungen wie "die auf *ъ*, *o*, *a* auslautenden Stämme stoßen diese Vokale aus und die *ь*-Stämme schalten zwischen *ь*, das zu *i* werden kann, und *ъ* das *j* ein, *pątij* aus *pątijъ* für *pątijь* (infolge fortschreitender Schwächung)". Auch heute sind ja die Verhältnisse nur wenig geklärt, über *rabъ* und *město* z. B. vertreten Leskien und Fortunatov entgegengesetzte Anschauungen, aber jene Art von Auffassung war schon 1876 antiquiert.

Es führte somit Miklosich einen durch seine Dimensionen imponierenden Rohbau aus, der späteren Forschung die Vollendung überlassend; bei einzelnem glaubt man ihn förmlich sagen zu hören: ich begnüge mich mit dem Hinweis, mögen andere nach mir die Sache weiter führen. Der modernen Forschung ist der Vorwurf nicht zu ersparen, daß sie diese Hinweise nicht immer beachtete; man wäre heute entschieden weiter in die Geheimnisse, der slavischen Anlautprobleme z. B., eingedrungen, wäre man den Andeutungen von Miklosich stets nachgegangen.

Der Titel 'Vergleichende Grammatik' führt geradezu irre; die ganze Vergleichung besteht meistenteils darin, daß genau nach demselben Schema, das dem Altslovenischen zugrunde liegt, jede der andern neun Slavinen für sich behandelt wird, die Darstellung sich somit in lauter Einzelgrammatiken auflöst; eine vergleichende Grammatik hat erst Vondrák zu schaffen versucht. Freilich gewähren diese Einzelgrammatiken allein das Totalbild jeder Slavine für sich, nur hätte die Darstellung dem Charakter der einzelnen angepaßt werden sollen; die Schablone des Altslovenischen ersetzt nicht ganz diesen Mangel. Den Fragen von Akzent wie Quantität wird ausgewichen; freilich war deren Wichtigkeit (z. B. für die Beurteilung der Kasusendungen) noch nicht erkannt; über Quantität und Dehnung mußten wenigstens eigene Schriften Ersatz leisten, die sich auf die Aufzählung der einfachsten Fälle beschränkten, jedoch nicht tiefer drangen.

Das Material hat Miklosich selbst zusammengesucht, nicht nur aus Grammatiken und Wörterbüchern, sondern durch eigene Lektüre der alten und der dialektischen Texte, oft den entlegensten Publikationen nachspürend, Sammlungen von Volksliedern geradezu bevorzugend. Dieser kolossale Sammeleifer kam namentlich der Stammbildungslehre zugute; bei den einzelnen Suffixbildungen wird förmlich Vollständigkeit erstrebt. Auch hier notiert er gewissenhaft alles Auffallende, mag er es auch nicht erklären können, z. B. die Zusammensetzungen mit *ko-*, die er richtiger als die neueren Forscher deutet; es fällt auf, daß er das Suffix *-tedlný*, *-telny* (böhm. und poln. zunächst) nicht als Kombination von *-tel-ny* und *-dlny* erkannte, überhaupt zu wenig auf die so häufige Suffixdoppelung (*-yni -yto* u. a.) einging, die ja zumal in den Adverbien grassiert, und die falsche, von ihm und von modernen Forschern beliebte Deutung z. B. der Suffixe *-gъda*, *-ždo* u. a. aus Nominal- und Verbalformen, beseitigt. Die Anordnung des Stoffes ist die mechanische, die Suffixe werden förmlich alphabetisch aneinandergereiht; erst Leskien versuchte ein allgemeineres Einteilungsprinzip nach den Suffixfunktionen festzustellen, das freilich in der Praxis zu Weiterungen führt; Vondráks Einteilung nach den Endvokalen war die denkbar unglücklichste. In der Tat muß es aber bei jener nur scheinbar ganz mechanischen Anordnung bleiben, denn jenen Elementen, den *k*-, *n*-, *d*- usw. Suffixen, wohnt eine gewisse Einförmigkeit der Bedeutung oder Funktion bei; *n* bildet ja mit Vorliebe Adjektiva, *t* Abstrakta, *k* Tätigkeitsnomina, *d* Kollektiva u. dgl. m., folglich kann die Stammbildung ohne weiters nach diesen Elementen dargestellt werden; es bleibt dies das natürlichste Einteilungsprinzip.

Der Riesenband der Syntax enthält gar nicht die Lehre vom Satze, nur die Lehre von den Funktionen der Worte (Nomen mit den Kategorien, Zahl usw., Adverb usw.) und Formen. Im Grunde genommen wieder eine schier unendliche Stoffsammlung, ein Lexikon ohne alphabetische Anordnung, unter Stichworten aller Art, doch nicht ohne Versuche, z. B. bei den Kasus die einzelnen Funktionen, so des Instrumental, aus einander herzuleiten. Bei dem Mangel an Vorarbeiten, bei vollständigem Fehlen jeglicher historischen Syntax war das Unternehmen eine geradezu grandiose Leistung, mochte auch z. B. eine Satzlehre durch die bloße Erörterung einzelner Partikeln vertreten werden. Nur der Negation wie den subjektlosen Sätzen ist eine besondere Abhandlung gewidmet. Die Darstellung des Zusammenhanges in der Kasuslehre geht nicht ohne Willkürlichkeiten ab, so wird, um den Instr. beim Prädikate zu erklären, dem Verbum Sein eine konkretere Bedeutung unterlegt, als ob dieser Instr. nicht erst viel später entstanden wäre, als 'Sein' schon längst alles Konkrete abgestreift hatte; dieses Außerachtlassen des historischen Momentes, der Evolution, beeinträchtigt gar sehr den Wert vieler Ausführungen; man vermißt die Entwicklung in der Zeit, aus bescheidenen Anfängen die große Mannigfaltigkeit der späteren Erscheinungen.

Den würdigen Abschluß dieser grammatischen und lexikalischen Arbeiten bildete das Etymologische Wörterbuch der slavischen Sprachen 1886. Zwar deckt sich der Titel, wie bei der Vergleichenden Grammatik, nicht ganz mit dem Inhalt, die eigentliche

Etymologie tritt völlig in den Hintergrund, Miklosich bietet hier vielfach weniger, als in der Lautlehre bei der Aufzählung der Wortsippen unter den einzelnen Vokalen und Konsonanten; bei vielen Wörtern fehlt jegliche Etymologie; Versuche anderer werden nicht berücksichtigt. Dagegen ist zum ersten Male, trotz aller vorausgegangenen, mehr oder minder stümperhaften 'Wurzelbücher' anderer, der wesentlichste Reichtum des slavischen Wortes unter Stichworten zusammengetragen; wieder staunen wir über die unendliche Fülle, bewundern die Knappheit, der es gelingt — mitunter allerdings auf Kosten der Klarheit (die Wörter werden meist ohne jegliche Angabe der Bedeutung, aneinandergereiht) — den Riesenstoff zu bewältigen: der Vergleich mit dem Diez'schen Etymologischen Wörterbuch der romanischen Sprachen bietet sich von selbst dar, aber bei Miklosich war dieses Wörterbuch nur eine neben den vielen anderen Aufgaben seines Lebens, er geizte an Raum, jeglicher Erörterung ging er aus dem Wege. Wie in der Grammatik, ist auch in der 'Etymologie' bereits von ihm die Hauptarbeit für immer geleistet; es bleibt nur ein Nachtragen, Ausfeilen, Berichtigen im Einzelnen übrig, eine Erweiterung bloß auf den von ihm für immer gelegten Fundamenten. Ab und zu ist das Wörterbuch, wie das Lexicon palaeoslovenicum, nicht ganz frei von etwas willkürlichen Lauten und Formen (z. B. *ochrъmnǫti*, *věža* u. a.)

Vorausgegangen war eine Menge von Spezialuntersuchungen. Der slavische Wortschatz hängt mit dem der Nachbarvölker, gebend und empfangend, aufs engste zusammen, bis zu welchem Umfange, das lehrten die Abhandlungen, die über die slavischen Elemente im Rumänischen, Albanischen, Neugriechischen, Magyarischen (1862—1871) handelten; dazu kam die Auswahl der Fremdwörter in den slavischen Sprachen (1867); den Abschluß dieser Spezialarbeiten bilden die vier Abhandlungen über die türkischen Elemente in den südost- und osteuropäischen Sprachen (Griechisch, Albanisch, Rumänisch, Bulgarisch, Serbisch, Kleinrussisch, Großrussisch, Polnisch), 1889—1890, sowie die slavischen, magyarischen und rumänischen Elemente im Türkischen 1889: alles wiederum eine unerschöpfliche Fundgrube im wesentlichen richtiger Zusammenstellungen. Daneben gingen einher die Untersuchungen über slavische Monatsnamen 1867, über die christliche Terminologie der Slaven 1875.

Von grundlegender Wichtigkeit war die Abhandlung: Die Bildung von Personennamen 1859; mochten die Wurzeln, unter denen diese eingereiht werden, nicht immer einwandfrei sein, so war doch zum ersten Male in dieses Chaos wohltuende Ordnung gebracht, und noch mehr gilt dies von den beiden Abhandlungen: Die Bildung der Ortsnamen aus Personennamen 1869, Die slavischen Ortsnamen aus Appellativen, I und II, 1872—1879. Ein vollständiges slavisches Namenbuch war damit weder geschaffen noch auch nur geplant, obwohl wieder ein Riesenstoff aus Diplomatarien und Namenrepertorien zusammengetragen war; für den Historiker, namentlich derjenigen Länder, wo vom einstigen Slaventum heute nur noch die Ortsnamen Zeugnis ablegen, war eine Quelle unerschöpflicher Belehrung erschlossen; es war nicht im geringsten die Schuld von Miklosich, wenn Altertumsforscher in Deutschland das Ziel der Deutung nicht erreichten, sich durch Äußerlichkeiten täuschen ließen, wenn Altertumsforscher bei den Slaven weit über das Ziel hinausschossen, bloßen grammatischen Kategorien soziologische Tragweite unterschoben, in die Namen hineindeuteten, was in ihnen nicht enthalten war. Von anderen Arbeiten dieses größten Grammatikers des neunzehnten Jahrhunderts, wie ihn Müllenhoff (bei Jagić) genannt hat, über das Albanische, Rumänische, Zigeunerische u. dgl. m., von Beiträgen zur Geschichte von Volksliedern, Volksbräuchen und Traditionen (z. B. über die Rusalien, die mit der landläufigen poetisch-sentimentalen Auffassung aufräumte, die historische an deren Stelle setzte); von sprachlichen Einzeluntersuchungen aller Art (grammatischen, syntaktischen, orthographischen Inhalts sogar), müssen wir absehen; erwähnt seien nur noch seine wichtigsten Textausgaben, des 'pannonisch-slovenischen' Suprasler Codex, des serboslavischen Apostolus von Sišatovac, der altserbischen Urkunden, der 'pannonischen' Legenden, der altrussischen Chronik ('Nestor') in einer streng uniformierten Textgestaltung u. a.

So hatte Miklosich allein den Bau der slavischen Philologie und Sprachwissenschaft errichtet, eine Arbeit geleistet, die sonst durch Zusammenwirken vieler erzielt wird; er könnte am ehesten mit Jacob Grimm verglichen werden, obwohl er zu Rechtsaltertümern und Mythologie nur einzelne Bausteine lieferte und auch ein modernes slavisches Wörterbuch nicht unternahm. Er hat die gesamte slavische Sprachforschung in Österreich — Rußland verhielt sich ablehnender — reformiert; in seinen Bahnen wandelten einher die Verfasser der polnischen Grammatik (Małecki), der kleinrussischen (Osadca und Ohonovskij), aller südslavischen (angefangen von der bulgarischen der Brüder Zankov 1852); zu seinen Schülern zählen Jagić, Gebauer, mit einem Worte, alle älteren Slavisten Österreichs. Auch August Schleicher schöpfte sein slavisches Material aus Miklosich, doch verarbeitete er es in ganz selbständiger Weise. War das Slavische bei Bopp, Benfey u. a. noch recht stiefmütterlich bedacht, so erstritt ihm Schleicher, namentlich durch die eingehende Behandlung im Kompendium, seinen gebührenden Platz; dem Kompendium war lange vorausgeeilt seine Formenlehre der kirchenslavischen Sprache erklärend und vergleichend dargestellt, 1852, eine lichtvolle Verarbeitung des Miklosichschen Materials, eine Ergänzung dessen durch das stete Heranziehen der verwandten Sprachen, namentlich des Litauischen. Völlig unbeirrt durch die Autorität Kopitars und seines überzeugten Schülers mied Schleicher absichtlich den Terminus 'altslovenisch' und bestritt direkt irgend welchen slovenischen Charakter des Kirchenslavischen oder Altbulgarischen; allerdings hat seine planmäßige Zurückführung und Erschließung von Urformen sich keines langen Bestandes erfreut. In die slavische Sprachwissenschaft griff er direkt ein auch durch seine Grammatik der polabischen Sprache 1871 (seine gar anfechtbare Transskription hat sich Miklosich angeeignet), durch die er ein ganz vernachlässigtes Gebiet aufschloß; an dem Rekonstruieren der polabischen 'Urformen' zeigte er seinen gewohnten Scharfsinn, traf vielfach das Richtige, aber er, wie alle seine Nachfolger auf diesem trotz aller Undankbarkeit äußerst lockendem Gebiete, zuletzt Paul Rost Die Sprachreste der Draväno-Polaben im Hannoverschen, 1907, der unsäglichen Fleiß auf die dringend notwendige Erschließung aller Texte und auf die ziemlich überflüssige Sammlung aller 'wendischen' Orts-, namentlich Flurnamen verwandte, haben kaum den richtigen Standpunkt diesen Texten, meist bloßen Wortverzeichnissen, gegenüber gewahrt. Es fehlt ihnen mitunter das slavische Sprachgefühl, das das mögliche und wahrscheinliche Faktische von dem phantastischen Geschriebenen sondert; sie glauben vielfach mit slavischen Wörtern zu tun zu haben, wo es sich doch nur um Karikaturen solcher handelt, die von schlecht sprechenden Leuten schlecht hörende in der denkbar schlechtesten Niederschrift aufnahmen; die Versuche, aus diesem rohen Material einer degenerierten Sprache im Augenblicke ihrer Agonie feinere lautliche Nüancen noch herauszubekommen, lehne man prinzipiell ab, obwohl die Wichtigkeit dieses nach dem Westen vorgeschobensten Slavenpostens nicht zu verkennen ist; freilich sind die interessantesten Erscheinungen infolge irriger Interpretation der Einzelheiten oft noch gar nicht beachtet. Jedenfalls gebührt Schleicher das Verdienst, auch hier bahnbrechend gewirkt zu haben; nur wußte er sich eben nicht zu befreien von der ganz unzulänglichen Überlieferung, er ebensowenig wie seine Nachfolger. Ein Beispiel statt vieler. Es wird direkt behauptet, daß sich das Polabische vor allen anderen Slavinen durch Wahrung inlautender Halbvokale resp. ihrer Vertreter auszeichne; es werden dafür Schreibungen wie *pasai* 'Hunde' u. ä. angeführt. Diese Schreibungen beweisen nichts, denn ebenso wird *tari* 'drei' und eine Unmenge anderer Worte geschrieben, die nie einen Halbvokal gekannt haben. Das echte Polabisch, nicht das degenerierte des Jannischke-Hennig u. a., stand in bezug auf die Halbvokale auf dem Niveau des Polnischen; 'böse' z. B. hieß *zgły* (poln. *zgło-ba* 'Bosheit') = kslav. *zъlъ*, d. h. zwischen die unmittelbar, also nach völligem Verstummen des Halbvokals zusammenstoßenden *z* und *ł* ist *g* eingeschoben; erst aus solchem *zgły* ist sekundäres, degeneriertes oder wie man es nennen mag, *zaglü* 'böse' entstanden, wofür natürlich, da man es buchstäblich nahm, keinerlei triftige Erklärung mehr zu finden war. Auf diese Weise sind dem Polabischen ganz fremde Laute, Formen und Worte durch die modernen Forscher in unsere Texte hereingebracht; der Polabe hat wie der Pole *psi* 'Hunde' (mit einem diphthongischen *i*-Laut) gesprochen, *pasai* ist eine Erfindung oder Verballhornung des Jannischke; die Überlieferung des Polabischen ist unendlich schlechter als die des Preußischen; für seine Erklärung ist vor allem das Polnische heranzuziehen.

Ein anderes Beispiel möge die Art der Tradition illustrieren. 'Warum' heißt *jôtsêl*; nach Rost soll dies aus *jôtje tsêl* d. i. 'was für ein Ziel, Zweck' verkürzt oder direkt von *jakъ* 'qualis' abzuleiten sein; beides schon darum unmöglich, weil Jannischke mit dem *ko*-Pronomen, nicht mit dem *je*- (wie der Pole, der *jak* statt *kak* spricht) fragt. Die Frage Warum? hat Jannischke nicht übersetzt, sondern treuherzig mit einem 'Ich wollte es' beantwortet, *jô tsêl* (mit dem *ts* vom Präsens) = 'ich wollte' (das *ch* von *chtěti* fällt regelmäßig ab; *jôse* 'ich', nebenbei bemerkt, enthält nicht den schließenden Halbvokal, wie behauptet wird, sondern ist = *jo* + *że*, denn niemals behauptet sich der Halbvokal im Auslaute, auch nicht in den serb. Gen. Plur. auf *-a*, über die wir eine ganze Literatur bereits besitzen, ohne daß das Rätsel einwandfrei gelöst wäre). Trotz der schauderhaft schlechten Überlieferung können wir das Polabische nicht missen als den einzigen Zeugen der einstigen Sprache der Obotriten und Lutizen. Es stellt das Nordwestslavische auf einer älteren Stufe der Entwicklung dar, als das Polnische; es hat freien Akzent, mit einer Neigung zur Barytonese (vgl. H. Hirt, Die Betonung des Polabischen, Sächs. Ber. 1896, doch sind seine Ausführungen zu berichtigen nach J. Mikkola, Betonung und Quantität in den westslavischen Sprachen I, Helsingfors 1899, S. 58 ff.); es kennt nur die eine Spaltung des *ě* zu *ie* — *ia*, nicht wie das Polnische weitere Spaltungen des *e* zu *ie* — *io*, des *ьr* zu *irz* — *iar*, *ar*; sein Wandel des *o* zu *i* deckt sich nicht im geringsten mit dem Kleinrussischen usw.; es hat altertümliche Worte, z. B. *ochvy* 'lustig', wovon slav. *ochvota*, *ochota* 'Lust', das falsch von allen zu *chotěti* 'wollen' gestellt wird. Doch wir kehren zu Schleicher zurück und heben besonders noch seine vorgefaßte Meinung über die Verwandtschaftsverhältnisse des Slavischen hervor, die seine wissenschaftliche Arbeit mehrfach beeinflußte und die er in dem sonst sehr bemerkenswerten Artikel: das Futurum im Deutschen und Slavischen (KZ. 4, d. h. über Perfektivität usw. der Verba), so formulierte: "Alle drei (d. i. Deutsche, Slaven, Litauer) sind auf ein Urvolk zurückzuführen . . . werden bei Forschungen nach der Urgeschichte auch nur einer der von ihnen geredeten Sprachen stets sämtlich in Betracht zu ziehen sein" d. i. eine Meinung, der gerade sein Schüler jeden Grund und Boden entziehen sollte.

Während in Österreich Miklosich das gesamte slavische Studium auf neue Grundlagen stellte, in Deutschland Schleicher die Slavistik zuerst heimisch machte und ihr in der Person seiner Schüler, August Leskien, Johannes Schmidt, Baudouin de Courtenay die gediegensten Kräfte sicherte, wies Rußland zwar manchen Slavisten auf, doch konnte sich unter ihnen keiner an Bedeutung mit den genannten messen. Einem Sreznevskij z. B. verdanken wir, neben der vollständigen oder exzerpierenden Veröffentlichung einer Unmasse alter Texte, als Hauptwerk seines Lebens nur die Materialien für ein altrussisches Wörterbuch, 3 Bände 1892 bis 1912, die in ihrer Ausführlichkeit (sie erschöpfen öfters alle Texte) und in der genauen Übersichtlichkeit der Bedeutungen den direkten Gegensatz zur Knappheit des Lexicon palaeoslovenicum darstellen. Vor ihm hatte ein Folklorist-Dilettant, Dahl, für das Riesengebiet des Russischen eine ähnliche Arbeit geliefert, wie Vuk für das beschränkte Serbische: ein Wörterbuch der lebenden, namentlich der Volkssprachen aller Gegenden; erst in neuester Zeit wird dieses Werk überholt durch ein von der Petersburger Akademie herausgegebenes Wörterbuch, das, in einer schier beängstigenden Fülle, das gesamte literarische und dialektische Material ausschöpft und u. a. auch die phantastischen Etymologien Dahls beseitigt. Von den Schülern des Sreznevskij wäre Lavrovskij zu nennen, wegen seiner Abhandlung über die russ. *torot*-Formen, das sog. Połnogłasije (Vollaut), erweitert und berichtigt durch Potebnja 1864 (Vorläufer der Arbeit von Joh. Schmidt, den dieser nicht kannte), und der Abhandlung Wurzelbedeutung der slav. Verwandtschaftsnamen 1867. Ein Jünger Grimms war Th. Busłajev, dessen Haupttätigkeit jedoch alte und Volksliteratur, ihre Symbolik und dgl. absorbierte; sein Versuch einer historischen Grammatik der russ. Sprache (zwei Teile, Etymologie und Syntax, 1858 u. ö.) ist zwar kein systematischer, erstrebt keine Vollständigkeit, aber bietet vielerlei Anregung; wichtiger bleibt seine Historische Chrestomathie des Kirchenslavischen und Altrussischen, 1861, noch heute unersetzt. Der Vorliebe der Russen für allgemeine Deduktionen entsprach die Beschäftigung mit W. v. Humboldt; besonders war es A. Potebnja, der über 'Gedanken und Sprache' zu philosophieren liebte; sonst liegt seine Haupttätigkeit auf dem Gebiete dialektologischer Untersuchungen (galt doch noch einem Sreznevskij das Altrussische bis in das vierzehnte Jahrhundert als eine ganz einheitliche Sprache!) und syntaktischer Forschung, wobei er im Gegensatze zu Miklosich vom Satze ausging. Leider ist seine unendlich ausführliche Syntax unvollendet geblieben, vielfach nicht recht über Allgemeinheiten hinausgekommen. Von den Notizen über russ. Grammatik (1879) enthält Band 1 die Einleitung über Grammatik und Logik und dgl.; Band 2 (1874) handelt über die Bestandteile des Satzes und deren Vertretung im Russischen; beide Teile zusammen in erweiterter Auflage 1888, wozu als Ergänzung ein dritter Teil 1899 erschien, alles über die Kategorien von Subjekt und Prädikat, Attribut und Apposition, Substantiv und Adjektiv, Geschlecht und Zahl, mit vielen treffenden und tiefsinnigen Ausführungen im Einzelnen. Sammlungen etymologischer und phonetischer Artikel erschienen u. d. T. Zur Geschichte der Laute der russ. Sprache (1—4, 1876—1883, aus dem Russ. Philolog. Boten); ein Lieblingsgebiet seiner Arbeit war die symbolische Ausdeutung der Sprache und Bilder des Volksliedes; seine Etymologien selbst sind veraltet.

Unter Südslaven verdient in diesem Zusammenhange Erwähnung Gj. Daničić, Schüler und Verehrer von Vuk und Miklosich, dem wir die noch Vuk mitunter unklare Festsetzung der serb. Ton- und Quantitätsbezeichnung, z. B. in der zweiten Auflage des Vukschen Wörterbuches, die Serben die Ausgestaltung ihrer Schriftsprache verdanken; seine grammatischen und lexikalischen Arbeiten erstrecken sich ausschließlich auf das Serbokroatische, Publikationen alter Texte, ein altserbisches Wörterbuch (1863, 1864), serb. Formenlehre (1863 u. a.); weniger fruchtbar ist seine, im Schleicherschen Sinne mit 'Grundformen' stets operierende Geschichte der serbokroatischen Formenlehre bis zum Ausgang des siebzehnten Jahrhunderts (1874) und die stets mit 'Wurzeln' das Serbokroatische bedenkende Stammbildungslehre (1876), die beide trotz der irrigen Deutungsmethode durch die Fülle und Genauigkeit des Materials über alle ähnliche slavische Publikationen hervorragen. Sein größtes Werk bleibt das Wörterbuch der kroatischen oder serbischen Sprache, herausgegeben von der Agramer Akademie seit 1880, nach einem Vierteljahrhundert erst beim Buchstaben L angelangt; es war allzubreit angelegt, trotzdem daß die Literatur des neunzehnten Jahrhunderts nur auszugsweise berücksichtigt wurde — nahm doch die Partikel *a* 26 Seiten ein! Es nimmt alle Orts- und Personennamen auf, erstrebt Vollständigkeit für die ältere Zeit, gibt jedesmal besonderen Bericht über die chronologische u. a. Verbreitung des Wortes, seine Etymologie usw. Nach dem Tode des Verfassers redigierte den 2. Band der Slovene Mat. Valjavec, Verfasser unendlicher Untersuchungen über den Akzent des Slovenischen (in den

'Arbeiten' der Agramer Akademie, Bd. 43—121), die folgenden P. Budmani, der diese Weitschweifigkeiten endlich, doch vielleicht noch zu wenig gekürzt hat.

Den glänzenden Anfängen der Slavistik bei den Böhmen entsprach nicht die Fortsetzung, trotz Frant. Čelakovský, der den ersten slavistischen Lehrstuhl Deutschlands, in Breslau, gegen den ersten in Österreich, in Prag, eintauschte, dessen Vorlesungen über vergleichende slav. Grammatik (1853) eher romantisch als wissenschaftlich waren. Sein Nachfolger in Prag wurde der Slovake M. Hattala, Gegner von Schleicher und Miklosich, mit denen er zu Recht (z. B. über die Slovenentheorie des letzteren) und namentlich zu Unrecht polemisierte; seine Grammatik des Slovakischen 1864 normalisierte die neueste Schriftsprache der Slaven, nach der endgültigen Trennung vom Böhmischen trotz der vorausgegangenen Jahrhunderte alten Gemeinschaft; in der Abhandlung Über den Ablativ im Slav. und Litau. 1857 hat er richtig den slav. lit. Gen. *-a* (*o*) mit dem lat. Ablativ identifiziert; ein abermals ganz neues Thema schlug er an in seiner Schrift De contiguarum consonantium mutatione in linguis slavicis 1865. A. Matzenauer erweiterte seine Kritik der Fremdwörter in den slavischen Sprachen von Miklosich zu einem ganzen Buche (1870, böhm.) und plante dann ein Etymol. Wörterbuch, doch kam er nicht über Einzelbeiträge heraus, die bis zum Buchstaben S in den Listy Filologické 7—20 gedruckt wurden. Durch originelle, leider wenig haltbare Auffassungen in Phonetik und Paläographie zeichnet sich aus A. Ludwigs Schüler in Prag und Lehrer in Agram, Leop. Geitler, der noch energischer als Schleicher die Vergleichung der litauischen und kirchenslavischen Laute betrieb, vor Joh. Schmidt in seiner Altbulgarischen Phonologie mit ständigem Hinblick auf die lit. Sprache (böhmisch, 1873) die Swarabhaktihypothese für die *tort*-Laute aufstellte, sich von den Verkovičschen mazedonischen Fabrikaten (uralter Epik) betören ließ, in einem groß angelegten Werke die Herkunft der Glagolica aus einem angeblich alten, faktisch jungen albanischen Alphabet erwies und bleibenden Gewinn der Slavistik nur durch seine Reise nach dem Sinaikloster und den von dort mitgebrachten Psalter- und Euchologiumtext (die allerdings eine genauere Ausgabe noch erheischen) brachte.

Die neuere Forschung.

Ein neuer Wendepunkt in der Geschichte der slavischen Sprachwissenschaft fällt in das Jahr 1876. Da erschien Aug. Leskiens Preisschrift Die Deklination im Slavisch-Litauischen und Germanischen, die die ausgetretenen Bahnen verlassend zum ersten Male lautgesetzliche Forderungen ernst nahm, scheinbare Ausnahmen, Willkürlichkeiten, Spaltungen durch Formenübertragungen und Analogiewirkungen, beseitigte, durch die eindringlichste Kritik die Haltlosigkeit vieler vorgefaßter Meinungen, auch einer slavodeutschen Gemeinsamkeit, aufdeckte und die in das unendlich verwickelte Gebiet Licht brachte, namentlich aber vorbildlich, erzieherisch wirkte. 1876 erschien der erste Band des Archivs für slavische Philologie, herausgegeben von V. Jagić (heute bei 36 angelangt), das zwar nicht der Sprachwissenschaft als solcher gewidmet war, dafür aber die gesamte Slavistik des In- und Auslandes übersah und förderte, namentlich in den zahllosen Beiträgen des Herausgebers selbst, der zumal grammatische Einzelfragen, Verwandtschaftsverhältnisse, seltener auch Etymologisches erörterte, in ausführlichen Rezensionen alle sprachwissenschaftlichen Erscheinungen kommentierte. Erst jetzt wurde für die bis dahin auf den einzelnen Gebieten völlig getrennte Arbeit ein wirkliches Zentralorgan geschaffen, das vor völliger Zersplitterung schützte und durch die kritische Zusammenfassung alles Bemerkenswerten klärend wirkte. 1875 war der zweite Band des Werkes Zur Geschichte des indogermanischen Vokalismus von Joh. Schmidt erschienen, wo zum ersten Male, nicht nur in deutscher Sprache, ein slavisches Lautproblem (die Behandlung der Liquidagruppen) vergleichend und erschöpfend dargestellt war. Und auch auf slavischem Boden selbst, bei Russen, Böhmen, Polen, belebte sich das Studium, getragen von Schülern von Miklosich und Schleicher, die selbst nun zahlreiche neue Schüler heranbildeten und den Grund zu einer methodischen Erforschung der Quellen, der Sprache, der Laute und Formen legten.

Die unendlich vielseitige und umfassende, unermüdliche und scharfsinnige, sich stets in den verbindlichsten Formen bewegende Tätigkeit von V. Jagić berührt nur zu einem kleineren Teil die Sprachwissenschaft, wenn wir von seinen Vorlesungen absehen.

Er ist vor allem der verdienteste Herausgeber einer Unmasse von Texten altkirchenslavischer, altrussischer und serbokroatischer Provenienz. Von entscheidender Wichtigkeit wurde seine Ausgabe des Zographensis und des Marienkodex, zwei Tetraevangelien der ältesten Redaktion, beide grundlegend für das Studium dieser Sprache, die mit andern zugleich zu lautlichen und formalen Studien von Jagić, Leskien, Scholvin, Wiedemann u. a. ausgebeutet wurden; wir erwähnten schon, wie Miklosich und Leskien in den neuen Ausgaben der Grammatik und des Handbuches diese Texte nunmehr ihren Ausführungen und Exzerpten zugrunde legten. Die mustergültige, auf einer Unmasse von Quellen und Vorarbeiten beruhende Ausgabe der alten Psaltertexte 1909 krönte diese editorische Arbeit, von der hier nur noch die Herausgabe altrussischer (elftes Jahrhundert) Kirchenlieder sowie aller älteren grammatischen Texte der kirchenslavischen Literatur, von der Schrift des Mönches Chrabr fast bis zu der neuen grundlegenden Grammatik des Smotrycki 1618, genannt sei; andere Texte und Fragmente (das Kiewermissal, alte glagolitische und cyrillische Texte, Dichterwerke der ragusanischen Literatur usw.) sind hier zu übergehen. Die Unmasse von grammatischen Beiträgen, meist kleineren Umfanges, gedruckt im Archiv, in den Vorreden oder Nachworten zu den Texten (z. B. besonders eingehend beim Marienkodex), in kritischen Studien (z. B. über Sobolevskijs und Geitlers Arbeiten), bezieht sich auf alle Gebiete der Sprachwissenschaft; nur das Syntaktische ist am wenigsten bedacht. Im Geist und Methode der neuen Richtung, mit dem ausgebreitetsten Wissen, mit einem außerordentlichen Takt und feinstem Spürsinn hat sich Jagić stets größter Zurückhaltung befleißigt, sich nie einer extremen Anschauung oder Partei angeschlossen, immer mäßigend, vermittelnd, mit gerechtester Abwägung des pro und contra in die wissenschaftlichen Debatten eingegriffen, immer neu gelernt, sich und andere berichtigend. Er hält sich streng an die Fakta, hat außerordentlichen Sinn für die historische Entwicklung (was Miklosich fehlte), sucht daher stets nach den Anfängen und Keimen z. B. der syntaktischen Evolution. Die gründlichste philologische Vorbildung setzt ihn stets in Stand, das Mögliche, Wahrscheinliche, Wahre von allem Phantastischen und Willkürlichem zu sondern. Er theoretisiert nicht gerne, hält sich womöglich in den historischen Schranken, diskutiert nur ausnahmsweise Grundformen und Lautvorgänge jenseits aller Überlieferung, deren Zeugnisse er wie kein anderer einzuschätzen weiß. Ein stupendes Wissen gibt ihm ohne weiters die Mittel, Gebauers altböhmisches Wörterbuch oder altpolnische grammatische Studien oder Konstruktionen altrussischer Lautvorgänge kritisch zu zergliedern, die Einseitigkeiten, das Übersehen entscheidender Momente, Lücken jeglicher Art aufzuweisen; auch der kleinste seiner Beiträge wirkt anregend oder belehrend, klärt fast immer die Frage. Wir vermissen von ihm nur große, systematische Arbeiten, zusammenhängende Darstellungen weiter Gebiete.

In der Entstehungsgeschichte der kirchenslavischen Sprache 1913 hat er die abwechselnden Anschauungen über die Heimat der Sprache wie über die Geschichte ihrer Alphabete erschöpfend dargelegt und einen außerordentlich wertvollen lexikalischen Beitrag gegeben, aus dem er den Wechsel in der Wiedergabe der griechischen Termini ersichtlich macht, um so den Urbestand des ursprünglichen Wortschatzes (der Slavenapostel selbst) zu ermitteln und damit womöglich dessen nähere Heimat: es ergeben sich im einzelnen interessante Momente, doch dürften alle weitergehenden Hoffnungen unerfüllt bleiben. Einen Band von 960 S. Lex. 8° widmete er der Geschichte der slavischen Philologie (Petersburg 1910, als erster Band der von der Akademie auf die Initiative und nach dem Plan von Jagić selbst herausgegebenen Encyklopädie der slavischen Philologie), von ihren bescheidensten Anfängen an im Mittelalter bis heute; die außerordentlich auf das bio- und bibliographische Detail eingehende Darstellung schließt jedoch alle Lebenden aus, wodurch eine gewisse Ungleichförmigkeit entsteht, da nicht die Sache, sondern das zufällige Todesdatum über die Aufnahme der zu Besprechenden entscheidet.

Facta loquuntur wäre man versucht, als Motto für seine wie die Lebensarbeit von Miklosich, dessen Nachfolger auf dem Wiener Lehrstuhl er nicht nur zufällig, äußerlich war, hinzusetzen. Er erinnert vielfach an ihn, schon in seiner Beherrschung aller einschlägigen Sprachen und Gebiete, doch übertrifft er ihn an Umfang seiner Forschung, die nicht bei dem Grammatischen und Lexikalischen Halt macht, sondern auf alte Kultur, Geschichte, Literatur sich gleichmäßig erstreckt. Die blendendsten Kombinationen und Hypothesen prallen an ihm wirkungslos ab; sein Wirklichkeitssinn, der einzige Respekt vor dem Tatsächlichen behindert ihn nicht in theoretischen Ausflügen, z. B. in seinen 'Streitfragen' u. a., deren ruhig, allseitig durchdachten Folgerungen man sich schwer zu entziehen vermag. Wie niemand vor ihm (Miklosich war am wenigsten dazu geeignet) hat er förmlich ein persönliches Band um die gesamte Slavistik zu legen vermocht, wie kein anderer der steten Zusammenfassung aller Kräfte, der Vereinigung trotz aller Gegensätze mindestens auf wissenschaftlichem Gebiete das Wort geredet und schon dadurch für alle Zukunft vorbildlich gewirkt; was die böhmischen Slavisten nur glaubten, hat er zu einem großen Teil durchgeführt.

Aug. Leskien widmete nach jener in methodischer Hinsicht bahnbrechenden Schrift seine große Kraft intensivster Spezialarbeit, die sich mit Vorliebe, neben dem Altkirchenslavischen, dem Serbokroatischen zuwandte; auch für das Niederserbische hatte er durch eine grammatische Charakteristik des ältesten Sprachdenkmals einen schätzenswerten Beitrag geliefert. Seine kirchenslavischen Abhandlungen betrafen Formen- und namentlich Lautfragen, speziell die Halbvokale, die er in den Sächsischen Abhandlungen 1875 und auf Grund der neuen Texte wieder 1905 (AfslPh.) behandelte; er fixierte auch die Ersetzung der Nasalvokale im Mittelbulgarischen; seine serbokroatischen Studien bezogen sich vor allem auf die bis dahin vernachlässigten Akzent- und Quantitätsfragen. In den Sächsischen Abhandlungen Bd. 10 und 13, dann im AfslPh. Bd. 20 ff., erschienen seine grundlegenden Beiträge; sie gingen von der Ansicht aus, daß auf einem Gebiete mannigfaltiger und verwickelter Erscheinungen man zu einer Erkenntnis gelangt "schwerlich besser durch allgemeine Betrachtungen und weitgehende Vergleichungen als durch den Versuch, bei einer Einzelsprache Beobachtungen durchzuführen", förmlich ein Motto seiner ganzen wissenschaftlichen Tätigkeit. Seine Untersuchungen erzielten die Resultate, die dann von anderen Forschern auch bei andern Slavinen festgestellt werden konnten, namentlich daß die vor dem ursprünglichen Hochtone stehenden alten Längen erhalten bleiben, sowie daß die in der ursprünglichen Hochtonsilbe stehenden alten Längen verkürzt werden bei steigendem Ton, erhalten beim fallenden; daß sog. schwere Suffixe eine Verkürzung der Stammsilbe bedingen; die Hypothese einer fallenden und steigenden Intonation für das

Urslavische hatte bereits Fortunatov auf Grund der Vergleichung mit dem Litauischen aufgestellt (AfslP. 4). Daß für die slavische Lautlehre, namentlich für die Behandlung der Vokale in den offenen und geschlossenen Endsilben Intonation und Betonung von maßgebender Bedeutung sind, ist längst ein Gemeinplatz geworden.

Besonderen Dank erwarb sich Leskien durch das Schaffen gediegener Lehrbücher für den Unterricht. Sein Handbuch der altbulgarischen (altkirchenslavischen) Sprache (1870, in den folgenden Auflagen auf Grund der 'pannonischen' Texte völlig umgearbeitet), seine Grammatik der abg. (altslv.) Sprache, 1909, seine serbokroatische Grammatik 1, 1914, sind als Muster zu bezeichnen, das erste für den praktischen Behelf, die beiden anderen dafür, wie die Ergebnisse intensivster wissenschaftlicher Arbeit lichtvoll zusammenzufassen sind; die serbokroatische Grammatik wird in ihrem zweiten Teil eine Syntax bringen, im ersten sind Stammbildungslehre (mit der Ordnung der Suffixe, nicht nach den Konsonanten, sondern nach Bedeutungskategorien) und die Lehre von Ton und Quantität besonders eingehend dargestellt. Durch zahlreiche Schüler hat Leskiens streng sachliche Methode die weiteste Verbreitung gefunden, mit ihrer gewollten Beschränkung auf die Einzelarbeit, die wohl von allgemeineren Gesichtspunkten ausgeht, aber vor allem das Tatsächliche ergründet. Auf etymologisches Gebiet griff Leskien nur ausnahmsweise hinüber.

Joh. Schmidt hat auch in seinen späteren Werken auf das Slavische stets gebührende Rücksicht genommen, nur brachten die Gegenstände seiner Forschung mit sich, daß dem Slavischen in ihnen nicht mehr der breite Raum zufiel, der ihm im 2. Band des Vokalismus zugewiesen war.

Auf den von diesen Männern vorgezeichneten Bahnen bewegte sich die wissenschaftliche Forschung in Deutschland und Österreich; von ihnen wich man im Grunde genommen auch nicht ab in Frankreich und in den nordischen Ländern, wo in Kopenhagen, Christiania, Upsala, Lund, Helsingfors die Slavistik sich im wissenschaftlichen Betrieb festsetzen konnte. Aber während man in Deutschland, Frankreich und dem Norden in leicht erklärlicher Vorliebe das Kirchenslavische und Urslavische bevorzugte, legte man in den einzelnen slavischen Ländern das Hauptgewicht auf die wissenschaftliche Erforschung der Heimatsprache, nur ging man aus der bisherigen Isolierung heraus; man war jetzt überzeugt, daß böhmische, polnische usw. Spracherscheinungen nur in dem größeren Rahmen erfolgreich klarzustellen waren.

Auf böhmischem Gebiete leistete mustergültiges Joh. Gebauer; ausdauerndste Lebensarbeit, gerichtet namentlich auf die Erforschung der gesamten älteren Überlieferung des Böhmischen, ließ ihn die erste historische Grammatik einer slavischen Sprache verfassen. Er begann mit Einzeluntersuchungen (in den Listy filologické u. a.), behandelte die Erscheinungen bei den weichen *e*-Silben im Altböhmischen u. a. und schritt zuletzt an die Ausarbeitung der Historischen Grammatik, wovon der 1. Band, die Lautlehre, 1894 erschien, und der 3. Band, die Formenlehre, in 2 Teilen 1896 und 1898; die Stammbildungslehre fehlt ganz, für Syntax soll der Nachlaß des Verstorbenen Material enthalten. Auch das Altböhmische Wörterbuch, Bd. 1 (1903), ist im Druck unvollendet geblieben, doch in der Handschrift zu Ende geführt. Ein außerordentlich reiches und kritisch gesichtetes Material ist in beiden Werken zusammengetragen und nach modernen Gesichtspunkten bearbeitet. Eine gewisse Weitschweifigkeit, doch ungleich mehr die absichtliche streng mechanische Darstellung und die ungewollte ganz mechanische Auffassung vieler Faktoren schädigen den Eindruck des grandiosen Werkes, das für immer die unverrückbare Grundlage der böhmischen Laut- und Formenlehre, wie des altböhmischen Wortschatzes, abgeben wird. Was sich aber den Regeln nicht fügen will, wird irgendwie wegdisputiert (z. B. der Unterschied von *dens* und *dnes*); außerdem wird in der Lautlehre wie im Lexikon fremden Einflüssen weit über die Gebühr Raum gestattet, so sollen die Böhmen ihre Behandlung ihrer Längen zum Teil Deutschen verdanken!

Von den böhmischen Forschern ist Jos. Zubatý zu nennen. Er ist Sprachvergleicher, hat namentlich kleinere Beiträge zur Formenlehre und Etymologie geliefert; die in den bisherigen 4 Bänden des Sbornik filologický der Prager Akademie zeichnen sich durch eingehende Motivierung, semasiologische Parallelen (namentlich aus dem Altindischen) und äußerste Vorsicht aus, doch stehen sie nicht immer unter einem glücklichen Stern. Das weiteste Gebiet beherrscht W. Vondrák. Nach Publikationen wichtiger alter Denkmäler, z. B. des Glagolita Clozianus und der Freisinger Texte, schrieb er zuerst eine Altkirchenslavische Grammatik (1900, 2. Aufl. 1911), dazu eine treffliche Kirchenslavische Chrestomathie, 1910, die beide durch Materialfülle und Genauigkeit sich auszeichnen; nach einer Reihe von Abhandlungen, wie den Slavischen Akzent- und Quantitätsstudien (BB. 30 und KZ. 41), eine Vergleichende slavische Grammatik 1 (1906), 2 (1908). Sie bietet nicht mehr gesammelte Einzelgrammatiken nach einem Schema, sondern Verarbeitung des Materials von einem einheitlichen Standpunkt aus. Das Faktische ist sorglich gesammelt, das Erklärende ist ungleich weniger gelungen. Der Verfasser hat sich nicht die Chronologie z. B. der einzelnen Lautvorgänge vergegenwärtigt; der Umlaut des *jo* zu *je* z. B. erstreckt sich bei ihm über Jahrtausende, hebt zu Beginn der Entwicklung des Urslavischen an und lebt noch im zehnten Jahrhundert n. Chr. fort; das völlige Auseinandergehen des Slavischen in der Behandlung derselben Lautgruppen im An- und Inlaut, im In- und Auslaut entgeht seiner Aufmerksamkeit; einzelne Erklärungen sind äußerst gekünstelt und richten sich dadurch selbst. Aber der bloße Versuch bleibt verdienstlich; er erhebt sich zudem hoch über ähnliche russische Versuche eines Scherzl oder Florinskij; nur schließt er eher eine Periode des Schaffens ab, als daß er eine neue eröffnete. Scherzls phänomenales Sprachtalent schützte nicht seine Vergleichende Grammatik der slavischen und verwandten Sprachen (1871 ff.) vor einem völligen Fiasko; das Werk von Florinskij ist nur eine, allerdings gewissenhafte und reichhaltige Kompilation von Einzelgrammatiken. Vondráks Werk, in dem Kirchenslavisch und Böhmisch vor-, Russisch zurücktritt, bricht als das erste mit jenem bequemen Schema, bleibt aber in der mangelhaften Unterscheidung der Perioden stecken; neben einzelnen feinen Zügen stoßen wir auf viele Irrtümer. Sehr verdienstlich ist das Kapitel über Akzent und Quantität; die Versuche dagegen, Stammbildung und Syntax von einem einheitlichen Standpunkt aus zu gestalten, sind bei der ersteren ganz, bei letzterer mit ihrer merkwürdigen Verschränkung des Inhalts halb mißlungen. Bei aller Anerkennung der großen Arbeitsleistung, des unverdrossenen Ernstes, der Nützlichkeit und Neuheit des Unternehmens, können wir uns über dessen große Ungleichmäßigkeiten, einseitige Auffassungen, mechanische Erledigungen verwickelter Fragen nicht hinwegsetzen: wir sind noch von einer wirklichen vergleichenden slavischen Grammatik ziemlich weit entfernt, über mechanische Gliederung des Stoffes nicht viel hinausgekommen. Das Versagen der slavischen Philologie rächt sich hier vielfach stark, ohne Schuld des Verfassers selbst. Noch ist O. Hujer zu nennen, Zubatýs Schüler, der außer kleineren Beiträgen eine Slavische Nominaldeklination (böhm., 1910) und in Fortsetzung davon im Sbornik filologický 2 und 3 über Pronominaldeklination geschrieben hat. Seine Arbeit ist sehr belehrend, weil sie auf die ganze Literatur des Gegenstandes eingeht; wir sehen, wie viel geschrieben und wie wenig erreicht ist, wie über die Grundfragen die Meinungen weit auseinandergehen; der Verfasser selbst wägt alles vorsichtig ab, ehe er sich für die eine oder die andere Meinung entscheidet; trotzdem fällt seine Wahl mehrfach unglücklich aus. Die slavische und litauische Akzentuation des Nomens vergleicht Fr. Sedláček in demselben Sbornik 1 und 3; vgl. auch Breznik, Die Betonungstypen des slavischen Verbum (AfslPh. 33).

Auf lexikographischem Gebiet arbeitete unermüdlich Fr. Kott, der zu einem siebenbändigen Wörterbuch fortwährend Nachträge herausgab; das Material wuchs ihm unter den Händen und Plan wie Einheitlichkeit des Werkes gingen darüber ganz in die Brüche; wir haben lose Materialien statt eines geschlossenen Werkes erhalten. Besonders wären dialektologische Werke zu nennen, namentlich eines Vavr. Dušek und Ign. Hošek für böhmische und eines F. Bartoš für mährische Dialekte, aber diese ganze Forschung bleibt im Grunde Selbstzweck, trägt zur Sprachwissenschaft wenig bei; sie gewährt nicht, sie verlangt nur Aufklärung. Und nicht viel mehr hat die Sprachwissenschaft im speziellen von phonetischen Studien zu erwarten: sie bringen uns nicht über Allgemeinheiten heraus, die allerdings in einem und dem andern Falle nützlich werden können. Hierher gehört A. Frintas Neuböhmische Aussprache, Versuch einer systematischen Phonetik der böhmischen Sprache (vgl. die Anzeige von O. Broch im AfslPh. 31) und Jos. Chlumskýs Versuch eines Messens böhmischer Töne und Silben in zusammenhängender Rede; ähnliche polnische Arbeiten verdanken wir A. Benni.

Wie der Panslavismus, so ging auch die Slavistik — nicht zufällig bloß — von Böhmen aus, aber in der zweiten Hälfte des neunzehnten Jahrhunderts entglitt dieses nobile officium völlig den Händen der böhmischen Wissenschaft, deren Vertreter zuletzt der leidige Handschriftenstreit in zwei feindliche Lager spaltete. Erst die jüngste Generation hat die alten, ruhmvollen Traditionen wieder aufgenommen. So wandelt ein Lub. Niederle ganz in Šafaříks Bahnen, da er im breitesten Rahmen mit fast unglaublicher Belesenheit in den verschiedensten, auch magyarischen und rumänischen Quellen die slavische Altertumskunde neu darstellt (bisher 2 Bände Geschichte und ein Band Kulturgeschichte), scharf eindringend alles je Vorgebrachte prüft und sichtet. Aber der Archäo-, Anthropo- und Ethnologe sowie Historiker ist nicht auch zugleich Philologe und muß in den für Altertumskunde so wichtigen Namen- und Wortdeutungen sich auf fremdes Urteil verlassen, das ihn so oft im Stich läßt. So ist kein einziger alter und verbreiteter Stammname bisher gedeutet, Serben, Chorvaten, Dudleben, vor allem Slaven = *Słověne* selbst: ein Linguist hat in seiner Verlegenheit diesen Namen aus dem Latein (!) erklärt (Römer hätten das *-sław* in den überwiegenden Personennamen ihrer slavischen Sklaven zu einer Bezeichnung der Nation selbst erhoben!). Der Name scheint ein geographischer, aber sobenannte Gegenden gibt es nicht auf der Erde, folglich hat Zubatý eine mögliche Verbindung mit *słovo* 'Wort' versucht, indem er *Słověne* wie Ἕλληνες als eine Kurzform deutete. Noch schlimmer steht es mit den slavischen Flußnamen, modernste Forscher deuten z. B. den Namen der Weichsel aus dem Keltischen oder Finnischen (!) und wiederum spielt die leidige Entlehnungsmanie allen die schlimmsten Streiche: Kobryn ist keltisch, Graudenz sind die Grautunger, polnische Namen auf *-bok* enthalten deutsches Bach (schade, daß nicht auch Koistoboken und Saboken ebenso gedeutet wurden!), die Beskiden oder der Bieszczad (mit einem im Slavischen wohl bekannten, aber den Linguisten noch unbekannten Wechsel von *sk* und *szcz* vor Weichlauten, z. B. *oskiep* und *oszczep* 'Sper', *skieriti* und *szczeriti* 'grinsen' usw.) sind mhd. Bescheide usw.; kein Wunder daher, wenn Niederles Werk nach der sprachlichen Seite hin vielfach ganz versagt. Auf diesem ganzen Gebiet hat die Forschung bisher nur Mißgriffe gezeitigt. Für slavisches kulturelles Altertum hat Jos. Janko eine lesenswerte Schrift (böhm., Über slavische Urzeit, Prag 1912) beigesteuert, die hauptsächlich von sprachlichen Gleichungen ausgeht, doch manches gar Anfechtbare (namentlich in der Mythologie, einem wahren Schmerzenskinde der Slavistik; man weiß hier nicht die einfachsten Sachen, z. B. daß Pripegala nur falsch geschriebenes Trigelavus ist u. dgl. m.) enthält. Neben Niederle und Janko wäre Polívka zu nennen, dessen Spezialität allerdings auf Volkskunde gerichtet ist: niemand ist gleich ihm in der Märchenwelt zu Hause; seine Arbeiten streifen nur ausnahmsweise auch sprachliches. Zubatý wiederum, der aus einem Indologen und Baltologen zuletzt Bohemist wurde und namentlich auf dem Gebiete der Syntax, Semasiologie und Etymologie Verdienstliches schafft, registriert sei Jahren aufs gewissenhafteste (im Anz. der IF u. a.) alle Erscheinungen der slavistischen (und lituanistischen) Literatur, selbst das ausfüllend, was die Petersburger Akademie in den Beilagen zu ihren Jzvěstija, was in Krakau der Rocznik slawistyczny (bisher 7 Bde.) verfolgen; ein ähnlich angelegtes böhmisches Unternehmen hat sich nicht zu behaupten vermocht. Hujers Arbeiten sind eben erwähnt; hieher gehört noch seine Einleitung in die Geschichte der böhmischen Sprache (Prag 1914, böhm.), die in ihrem Hauptteil das vor- und urslavische Stadium behandelt.

Das Böhmische selbst ist eine wohl konservierte Sprache (das heutige entspricht etwa dem Polnischen des fünfzehnten Jahrhunderts) mit historischer Orthographie, die über die modernen Zustände täuscht. Es zeichnet sich aus durch den Reichtum seiner mittelalterlichen Literatur; die übrigen Slavinen können mit einer wirklichen mittelalterlichen Literatur, die ihren Namen auch verdienen würde, gar nicht rechnen. Lautlich fallen namentlich seine (überlangen) Längen ins Ohr, doch haben sie mit alten, echten Längen nur weniges gemein; sonst ist der Vokalismus (der Schriftsprache) weniger abwechslungsreich, zeigt z. B. beim *e*-Laut eine einzige Spaltung (altes *ę* wird *ie* oder *ia*, *a*, *pět* 'fünf' aber *pátý* 'fünfter'); die vokalische Geltung des *l*, *r* läßt viele Unterschiede (die die andern westslavischen Sprachen bewahren oder ausbilden) fast ganz verschwinden (außer bei *dlouhý* 'lang' = *dъlgъ* u. a.); auch der Konsonantenbestand ist nicht besonders reichhaltig; ungleich reicher ist der Form- und Wortvorrat. Erwähnt wurde schon, wie man unter dem Wahn von Entlehnungen an Fragen der böhmischen Phonetik herantrat und sie dadurch nur gründlich verwirrte.

Wie ist es z. B. zu der Anfangsbetonung des Böhmischen gekommen? eine Frage, die auch auf andern Gebieten, z. B. fürs Italische aufgeworfen wurde. Im Gegensatze zu den östlichen und südlichen Slavinen mit ihrem freien und beweglichen Akzent zeigen die westslavischen Sprachen starre Betonung, bis auf das Polabische und die nördlichsten Kaschuben, die die alten Verhältnisse, allerdings nicht ohne starke Verschiebungen, meist Rückziehungen von der betonten Ultima um eine oder zwei Silben gegen den Anfang, bewahrt haben; die Böhmen, Nordserben und Südkaschuben betonen dagegen die Anfangssilben, die Polen die vorletzten. Für die böhmische Betonung fand die alte Sprachphilosophie eines Dobrowsky u. a. den Grund in der angeblich entscheidenden Bedeutung der Anfangssilben; die moderne Forschung eines Gebauer, Hirt, Vondrák u. a. im deutschen Einfluß, wobei sie mit slavisierten Deutschen rechnete, die es so wenig gibt, während die germanisierten Slaven unendlich überwiegen. Schon R. Brandt, nach ihm Mikkola, Betonung und Quantität in den westslavischen Sprachen 1899, haben den richtigeren Weg eingeschlagen.

Die polnische Betonung hat Muckes Historische und vergleichende Laut- und Formenlehre der niedersorbischen Sprache (1891) gedeutet. Die sorbischen Dialekte zeigen nämlich, je näher dem polnischen Sprachgebiet desto entschiedener, in drei- und mehrsilbigen Wörtern einen Nebenakzent auf der vorletzten; dieser Nebenakzent und die zahlreichen alten Barytona des Polnischen, das wie andere Slavinen, z. B. das štokavische Serbische, die Oxytonese aufgegeben hat, haben schließlich zur allgemeinen Barytonisierung der Sprache geführt. Einen ähnlichen Weg schlug das Böhmische usw. ein; Akzentübertragungen und Analogiewirkungen, z. B. die konstante Bewahrung der Betonung der 1. Sing. Präs., des Nom. Sing. usw. haben schließlich die Einheitlichkeit der Betonung herbeigeführt. Für den südkaschubischen Dialekt hat dies im Einzelnen Tad. Lehr, Studien über den pommerschen Akzent, Materialien der Krakauer linguistischen Kommission 6 (1913) 416—450, aufgezeigt, wie stufenweise die Oxy- und Barytonese sich verliert, nicht aus phonetischen Gründen, wie dies M. Rešetar für serbokroatische Dialekte feststellen konnte (wo erst kurze offene Endsilben, dann kurze geschlossene Endsilben und kurze mittlere, endlich auch solche lange Silben den Akzent verlieren), sondern aus psychischen: durch innere Ausgleichungen (innerhalb éiner morphologischen Reihe) und äußere (gegenseitige Beeinflussung grammatischer Kategorien), z. B. Instr. *godziną* wird *gódziną* nach dem Nom. *gódzina* usw.

Das Studium des Slovakischen, seitdem dieses zu einer besonderen Literatursprache erhoben ward, vertiefte sich und führte zu interessanten Kontroversen, die mit der Frage nach der Einteilung der slavischen Sprachen, nach ihrer engeren Zusammengehörigkeit oder 'Verwandtschaft' verknüpft sind. Wie ist das Verhältnis der sieben slavischen Sprachen (Bulgarisch-Mazedonisch; Serbokroatisch; Slovenisch; Böhmisch-Slovakisch; Lausitzisch; Polnisch-Polabisch; Russisch) aufzufassen? gab es eine ungetrennte slavische Grundsprache mit geringfügiger Differenzierung, die erst auf dem Einzelboden, unter stärkerer Einwirkung der fremden Aboriginen, weit um sich griff? Dobrowsky hatte 1818 endgültig die Zweiteilung der slavischen Sprachenwelt in die südöstliche und westliche nach zehn, lautlichen und lexikalischen, Merkmalen festgestellt, wofür Zeuß sogar das Zeugnis des Jordanes von der Zweiteilung in Slovenen und Anten verwertete. Mit mehr Recht hatte dagegen Vostokov die Drittelung angesetzt und das Russische aus der Südostgruppe herausgenommen (die heute herrschende Ansicht), während noch Schleicher seinem Stammbaum die Zweiteilung zugrunde legte. Die starre Stammbaumtheorie beherrschte meist auch die Auffassung der dialektischen Verhältnisse: man ging stets z. B. von einem streng einheitlichen Urrussisch aus, das konsequenterweise in zwei Hauptgruppen (Groß- und Kleinrussisch) sich spaltete, diese erst ihrerseits in kleinere, sodaß z. B. Merkmale des Kleinrussischen für älter galten, als die identischen (*ě* = *i*) des Novgorodischen Großrussisch. Dieser ganz mechanischen Spaltungstheorie widersetzen sich die Fakta z. B. des Slovakischen gerade, daß bei seiner sichtlichen Zugehörigkeit zum Böhmischen, trotz des Mangels von *ř* (vgl. ähnliches bei den Polaben), einzelne Übereinstimmungen mit dem Südslavischen und Russischen aufweist, auf Grund deren der gründlichste Kenner des Slovakischen, Czambel, nicht ohne politisch-nationale Hintergedanken, seine Muttersprache für eine südslavische erklärte. Dieselbe Verquickung nationalpolitischer, separatistischer Tendenzen weist der mißglückte Versuch auf, das Kleinrussische aus dem engen Zusammenhange mit dem Russischen zu lösen; nationalpolitische Tendenzen fehlen allerdings, wenn man die Abweichungen des Kaschubischen aller Dialekte, den slovinzischen nicht ausgenommen, vom Polnischen zu einer 'Sprache' aufbauscht, die das Merkwürdige aufweist, daß sie fast an allen Wandlungen des Polnischen teilnimmt, auch an den erst im 15./16. Jahrhundert aufgekommenen, und andererseits meist nur Züge aufweist, die dem älteren Polnisch, wenn auch nicht in ganz gleichem Umfange, wohl bekannt sind.

Dagegen weisen wir unbedingt ab den von Historikern (Niederle) und Sprachforschern (Mikkola) gemachten Versuch, die Wiederkehr desselben Stammnamens in verschiedenen Teilen der Slavenwelt dahin auszudeuten, "daß zwischen den Serben an der Spree und den Serben auf dem Balkan oder zwischen den verschiedenen Kroaten im Osten, Norden und Süden der Slavenwelt einmal ein Zusammenhang bestanden hat, sowie daß alle Slovenen einmal aus einer engeren gemeinsamen Heimat ausgezogen sind" (Urslav. Grammatik 1, 1913, S. 11); und ebenso wenig darf man nach den verschiedenen Lautprozessen behaupten, die *u*-Sprachen (d. h. mit *u* für *ǫ*, Nordserbisch, Böhmisch, Serbisch, Russisch) "haben einmal ein zusammenhängendes Gebiet gehabt"; daraus folgt dann natürlich, daß die russischen Slovenen (in Novgorod, die als Slovenen nicht der *u*-Sphäre, sondern der *ǫ-ą*-Sphäre angehören mußten, zu den Polen, Bulgaren, Slovenen usw. zählen) "ihre Sprache schon früh von den russischen *u*-Stämmen haben beeinflussen lassen". Diesen historisch-phonetischen Romanen wird durch die sprachlichen und historischen Fakta jeder Boden entzogen und für die slavische Sprachgeschichte sind "die ältesten Wanderungen der Stämme" d. h. irgendwelche phantastische Kreuz- und Querzüge ohne die geringste Bedeutung; die Slaven sind nach Ausweis der Sprachen heute noch ungefähr so gruppiert, wie sie es in ihrer Urheimat waren, da ihre Ausbreitung im wesentlichen konzentrisch und strahlenförmig vor sich ging.

Wenn wir eben von einer Drittelung aller Slavinen sprachen, so verwahren wir uns ausdrücklich gegen jede Auffassung im Sinne der Stammbaumtheorie; diese würde ja ohne weiters die Zwischenstufen eines Urwestslavischen, Ursüdslavischen und Urrussischen verlangen und faktisch operieren sogar moderne Forscher mit solchen Termini. Aber ein Urwestslavisch und ein Ursüdslavisch, im Sinne einer gemeinsamen Entwicklung in womöglich abgesonderten Raum und Zeit, hat es niemals gegeben; dagegen kann man ohne weiters von einem Urrussisch handeln, das nicht nur *č*, *dž* (*ž*), aus *tj*, *dj*, den Vollaut (*torot*), *u* und *ja* für *ǫ* und ę u. a. gemeinsam entwickelt hat. Eine solche Gemeinsamkeit setzen weder die westslavischen noch die südslavischen Sprachen voraus (diese am allerwenigsten!); ihre Übereinstimmungen erklären sich hinlänglich aus ihrer einstigen Nachbarschaft im Urslavischen, das dialektische Varietäten bereits entwickelt hatte; bei den Südslaven kann man geradezu von einer zusammenhängenden, lückenlosen Kette von Mazedonien bis Kärnten reden; bei den Westslaven sind in dieselbe Kette durch Aussterben der Zwischenglieder große Lücken gerissen; das Kaschubische ist nur ungetrennte, regelmäßige Fortsetzung des Polnischen, mit einer Steigerung der einzeldialektischen Merkmale, je weiter wir uns von diesem entfernen. Die einseitige Betonung seiner angeblichen Selbständigkeit wird förmlich künstlich erreicht durch eine ausschließlich phonetische Transskription (wobei nicht alle Forscher dasselbe heraushören!), die wie ein Stacheldraht das Verständnis erschweren soll; erst durch lautes Lesen bricht man diesen Bann und nimmt die polnischen Gesamtzüge des Kaschubischen wahr. Das 'Wörterbuch der slovinzischen Sprache' ist natürlich nur ein dialektisches Glossar, dessen Umfang durch unzählige Verweisungen (sie sind viel zahlreicher als die Grundformen) und durch überflüssige Bildungen erweitert ist; das Umprägen seiner Mißbildungen oder eigentümlichen Laute zu direkten Vertretern urslavischer Worte und Laute ist prinzipiell abzulehnen.

Das Slovinzische, den äußersten Vertreter des alten Slaventums der Pommern im Osten, wie das Polabische es im Westen war, hat in die Wissenschaft der slavophile Publizist Hilferding 1861 eingeführt; die meiste Arbeit (neben Polen, wie Ramułt mit seinem Wörterbuch, Deutschen, wie Bronisch mit Dialektstudien) widmete ihm Friedr. Lorentz, den rasch aussterbenden Dialekt im letzten Augenblicke wissenschaftlich erschöpfend (Slovinzische Grammatik 1903, Texte 1905, Wörterbuch 1908, alles Ausgaben der Petersburger Akademie; die Krakauer gab seine kaschubischen Texte heraus, 1914). Dieser Dialekt — nicht Sprache, wozu Literatur und nicht bloß 600 Menschen gehören — steht dem Polnischen schon äußerst nahe; dies wußte bereits der altrussische Chronist ('Nestor'), der die Pommern und Lutizen als Lachen (Polen) bezeichnete. Im Grunde einigt sie alle die Erhaltung der Nasalvokale; dadurch scheiden sich diese nordwestlichen Slaven von den südwestlichen (Böhmen, Lausitzer Serben) am deutlichsten ab; das andere gemeinsame Merkmal, diesmal für alle Westslaven, ist der Wandel von *tj*, *dj* zu *c*, *dz* (vereinfacht *z*; dies schon im 9. und 10. Jahrhundert); die 'kräftigen' Halbvokale fallen in einem *e*-Laute zusammen; sie berühren sich alle in Formen (allerdings taucht der poln. serb. Gen. Dual *votovu* auch im Mittelbulgarischen auf) und haben sogar einige spezielle Worte gemein; manche gemeinsame Züge (z. B. böhm. oserb. *h* für *g*) haben sich erst in historischer Zeit entwickelt.

Unter diesen westslavischen Sprachen nimmt nun das Polnische dank der historischen Bedeutung und großen Zahl der Nation wie ihrer selbständigen Kultur und reichen Literatur (seit 1550) den ersten Rang ein; damit stand bis vor kurzem in gar keinem richtigen Verhältnis, was polnische Wissenschaft für die Slavistik (und damit auch für die Polonistik, die ohne jene undenkbar ist) leistete. Noch 1820—1830 schien Slavistik unter Polen (unter denen Majewski der erste unter allen Slaven Indologie kannte und betrieb) aufblühen zu können; wie vielem andern, machte auch diesem der Aufstand von 1830 ein jähes Ende. Der unversöhnliche Gegensatz gegen die slavische Hauptmacht, das Russentum, trieb aus den Polen jegliches Interesse für das Slaventum (bis auf ganz vereinzelte Ausnahmen, wie der Rechtshistoriker Maciejowski). So verengten politisch-nationale Rücksichten das Gebiet der Wissenschaft; der vielversprechende Anfang eines Linde, Surowiecki u. a. fand nicht nur keinerlei Fortsetzung, man gefiel sich geradezu in einer Isolierung von der übrigen slavischen Welt. Der Aufstand von 1863 schien nur Öl ins Feuer gießen zu sollen. Kein Wunder daher, daß die Polonistik keinerlei Fortschritte machte.

Langsam und zögernd schloß sich endlich auch dieses Studium der neuen Richtung an, aber noch bis heute hat es nichts aufzuweisen, was sich der grammatischen und lexikalischen Arbeit Gebauers zur Seite stellen ließe und ist über bloße Vorarbeiten der älteren Forscher, wie L. Malinowski, Baudouin de Courtenay u. a., sowie der jüngeren, J. Rozwadowski, J. Łoś u. a., nicht herausgekommen; eine Übersicht des Erreichten gewährt der 2. und 3. Band der von der Krakauer Akademie herausgegebenen Polnischen Enzyklopädie von 1915, die ausschließlich der Sprache gewidmet sind.

An die Herausgabe der nicht zahlreichen alten Texte, der Bibel durch A. Małecki (wozu A. Babiaczyk ein treffliches Lexikon gab, 1905), des Psalters u. a. durch W. Nehring usw., schließt sich die einzige zusammenhängende historische Darstellung, die Geschichte der polnischen Sprache von Ant. Kalina, von der jedoch nur der erste Teil, die Grammatischen Formen, 1883 erschien: die Zusammenstellung des Materials aus fünf Jahrhunderten ist sehr verdienstlich, die noch mit allerlei unmöglichen Grundformen und willkürlichen Lautveränderungen operierenden Erklärungen sind längst veraltet. Ungleich lesbarer ist die Grammatik der polnischen Sprache von Ro. Pilat, d. h. seine Vorträge, die von seinen Schülern herausgegeben wurden (bisher unvollendet; wird auch die Syntax umfassen), aber eher nur für Anfänger bestimmt sind. Baudouins Arbeiten befaßten sich speziell mit dem Polnischen in dem Anfangsstadium seiner wissenschaftlichen Tätigkeit; seine (russ.) Schrift über die altpolnische Sprache (auf Grund der Eigennamen und dgl. in Urkunden bis zum vierzehnten Jahrhundert), 1870, war die erste streng wissenschaftliche Leistung auf diesem ganzen Gebiet. Später zog ihn namentlich Sprachphilosophie, Psychophonetik u. a. an und seine an Pauls Prinzipien u. ä. erinnernden Arbeiten in russischer, polnischer und deutscher Sprache gehören der allgemeinen Sprachwissenschaft an; dasselbe gilt von einzelnen Arbeiten von Rozwadowski, Rudnicki, der Psychophonetik als seine Spezialität betreibt, mit Grammont u. a. wetteifernd; das Dialektische vertritt K. Nitsch, der im Gegensatze zu zahlreichen Spezialarbeitern das gesamte Gebiet polnischer Dialektkunde beherrscht. Lexikalische Arbeiten blieben lange vernachlässigt. Privater Initiative entsprang das Warschauer Polnische Wörterbuch (bis T reichend), das ein außerordentlich reiches Material allzu knapp faßt, so daß es den Anforderungen an ein vollständiges historisches Wörterbuch nicht entspricht. Ein dialektisches Wörterbuch verfaßte Jan Karłowicz in 5 Bänden; sein Lehnwörterbuch ist leider ein Torso geblieben.

Auf diesem Gebiete harren noch wichtige Fragen ihrer endlichen Lösung. Eine solche hat z. B. die Geschichte der polnischen Nasalvokale noch immer nicht gefunden. Die im Kirchenslavischen geschiedenen Laute ę und ǫ (ą nach polnischer Art falsch geschrieben) sind hier bis auf die Palatalisierung zusammengefallen: *rǫka* — *rǫkъ*, *pętь* — *pętь* sind *ręka* — *rąk*, *pięć* — *piąty* geworden. Alle Versuche, dieses Faktum nicht einfach hinzunehmen, sondern zu begründen (sogar durch Annahme von Analogiewirkungen!), sind kläglich gescheitert; vielfache Nebenerscheinungen, wie falsche Orthographie der alten Quellen (die noch heute in der irreführenden Schreibung des *ą* statt *ǫ* nachwirkt), Auftauchen neuer Nasale (eines echten *ą*), Schwund alter (kaschub. *cignąć* = *ciągnąć*), Wechsel von *u* und Nasal, sekundäre Nasalierungen verwirren noch das Gesamtbild. Gleiche Schwierigkeiten ergeben sich bei den sog. verengten Vokalen (*á*, *é*, *ó* — von denen die Schriftsprache nur an dem *ó* festhält — *ą*, *ią*), die die Stelle alter Längen (die vielfach erst auf polnischem Boden durch Zusammenziehung, Ersatzdehnung u. dgl. entstanden) vertreten : die Ausnahmebehandlung des Nom. Sing. M. (Verengung nur bei tönendem Auslaut, *bóg*, *boga* 'Gott', aber *bok*, *boku* 'Seite') tritt im Gen. Plur. F. bei denselben lautlichen Bedingungen nicht mehr ein (*ręka*, *rąk*, *kosa*, *kós*, *włoka*, *włók*), ist auch dem Kleinrussischen unbekannt (*bih*, *boha* wie *bik*, *boka*); noch dunkler bleibt das konstante *ó* von *córa*, *pióro* (böhm. *dcera* 'Tochter', *pero* 'Feder') usw., das man vergeblich aus dem lautgesetzlichen Gen. Plur. *cór*, *piór* oder dem deminut. *córka*, *piórko* zu erklären sucht, denn Gen. Plur. *nóg*, deminut. *nóżka* oder N. *siół*, *siółko* (für *siódł*, *siódłko* 'Dorf'; daher Grundform *sedlo* und nicht mit lat. *solum*, wie immer gefabelt wird, zusammenhängend), haben doch kein *nóga*, *sióło* hervorgerufen, sondern es blieb bei *noga*, *sioło*. Trotzdem das Polnische jegliche Akzent- und Quantitätsunterschiede seit dem frühesten Mittelalter ausgeglichen hat, ist sein Vokalismus ein äußerst empfindlicher; in keiner anderen slavischen Sprache findet man dieses vielfache Differenzieren und Umlauten der Vokale wieder, je nach der Art des Vokals und der Palatalität der benachbarten Laute. Das Russische z. B. kennt nur einen einzigen Vorgang der Art (*ie* : *io*), das Polabische ebenso (*ie* : *ia*), das Polnische fügt zu diesen beiden noch einen dritten (*iar*, *ar* : *irz*, *ir*, *ier*) und Ansätze eines vierten hinzu. Das Russische bietet weiter, und ähnliches gilt vom Böhmischen oder Südslavischen, einförmiges *tort*, *tert*, *tołt*, wofür das poln. *tart*, *tert*, *turt*; *ciart*, *tart* — *cirzt*, *cirt*, *ciert*; *tełt*, *tułt*, *tłut*, *cilt* aufweist. Urslav. *tort* ergiebt im Poln. *trot*, aber auch, wie bei den Polaben, *tart*; Breslau (*Wrocisław*) heißt noch um das Jahr 1000 *Wartisław*, *karw* 'Ochs' neben *krowa* 'Kuh' usw.;

ein *tert* ergab in nichtpalataler Umgebung ein *ciart*, auf diesem Standpunkt verblieb das Kaschubische, das Polnische gab die Erweichung in der Regel auf, *tart*, aber mehrfach erhielt es sie noch, *ziarno* 'Korn' neben *zarno*, *dziarski* (russ. *derzkij*) 'frech' neben *darski*, *ciarki* 'Frösteln' neben *tarnąć* 'frösteln' und unerfindlich bleibt, wie man darin "die Vertretung einer auf westslavischem Boden entstandenen Länge" sehen kann. In einer Menge von Wörtern hat der Pole bald ein *ą* (*ę*), bald ein *u*, *smutny* 'traurig' und *smętny* 'melancholisch', *wnuk* und *wnęk* 'Enkel', *pękać* und *pukać* 'bersten', *kusy* und *kęsy* 'gestutzt', *trąd* 'Krankheit' und *trud* 'Mühe' usw. (das Bulgarische nimmt nur in bescheidenem Umfang ebendaran teil). Wie sind alle diese Unstimmigkeiten, diese Ausnahmen von sonstigen polnischen Lautnormen zu erklären? Die 'Lautgesetzler' wandten das primum negare an; sie leugneten einfach die Fakta selbst; *karw* wies ihnen auf die idg. Grundform *q̄r̥u̯*, wie in pr. *kurwis*; *dziarski* u. a. seien Analogiebildungen: neben richtigem *smard* 'Bauer, eig. Stänker' verdanke *-śmiardnąć* 'stinken' sein *ia* dem *i* von *śmirdzieć* dass.; *smutny*, *wnuk* u. a. sind nicht polnisch, nur böhmisch oder russisch. Als die unerbittlichen Fakta diese Ausflüchte unmöglich machten, da beseitigten sie den Widerspruch z. B. *karw* - *krowa* durch die Annahme wechselnden Akzentes oder einer Art neuer 'Stammabstufung', einer Erleichterung des urslav. *kōrv* vor 'schweren' Endungen und Suffixen, einer Umstellung und Erhaltung vor leichten; ersteres ergab *karw*, letzteres *krowa*; sie flektierten sogar *krowa*, *krowy*, aber instr. (schwere Endung *ą* aus *oją*) **karwą*, Dat. Plur. **karwam* usw. Es braucht kaum erwähnt zu werden, daß dies alles phantastisch, daß von einer Flexion *krowa* — *karwą* nirgends die leiseste Spur vorhanden ist: der Polabe flektierte nur *karwa*, *karwą*, der Pole nur *krowa*, *krową*; freilich hat der Polabe auch ein *brodawica* 'Warze' (vor schwerem Suffix!) statt des zu erwartenden *bardawica*, und auch natürlich ein *broda* statt *barda* 'Bart'. Und ebenso disputierten sie weg ein *powiedać* neben normalem *powiadać* 'sagen' als Entlehnung aus dem Böhmischen!; *biada* 'weh!' als Vokativkürzung neben *bieda* 'Elend' (ebenso böhm. *běda* neben *bída*) usw., aber diese Ähnlichkeit ist ganz zufällig (poln. *biada* ist einfach die im Ausruf erhaltene ältere, *bieda* die jüngere, analogische Form), jede Entlehnung unmöglich; für ein *ciarki*, *dziarski* u. a. gibt es zudem gar keine Formen, an die ihr *ia* statt *a* sich hätte anlehnen können. Der Umlaut des *ě* zu *ie-ia* ist übrigens dem des *e* zu *ie — io* nicht gleichzeitig, wie gefabelt wird, sondern ist ihm um ein paar Jahrhunderte vorausgegangen; beide Erscheinungen pflegt man 'Entpalatalisierung' statt 'Umlaut' zu nennen, zu Unrecht, denn entpalatalisiert wird im poln. *dziarski* zu *darski*, *sierce* 'Herz' zu *serce*, *wiesioły* 'froh' zu *wesoły* usw.

In Wirklichkeit liegt die Sache so: ein Lautvorgang, der z. B. das ganze Böhmische oder Polabische durchdrang, konnte im Nachbargebiete sporadisch auftreten, so ist im Böhmischen jedes *lju* zu *li* geworden, im Polnischen sind es nur einige wenige (vgl. lat. *lubet* = *libet*), die man natürlich für böhmische Entlehnungen ausgeben würde, wenn sich nicht Orts- und Personennamen darunter befänden und Worte, die dem Böhmen völlig fremd sind; während *tort* im Polabischen allgemein zu *tart* wurde, ist dies im Polnischen eingeschränkter, setzt sich *trot* allgemeiner durch. Und dazu kommt ein anderes Moment: keine Lautveränderung tritt plötzlich in Erscheinung (außer etwa Metathesen, Konsonantenabfall u. dgl.); sie dauert Dezennien, ja Jahrhunderte lang an, ältere und neuere Formen treten so nebeneinander auf; kein Wunder, daß einige, namentlich vielgebrauchte, zäheren Widerstand entfalten und sich eventuell zu behaupten vermögen, so z. B. poln. *wierę* und *wiera* 'traun' (als Versicherungspartikel) neben *wiara* 'Glauben', *powiedać* 'sagen' (zusammengezogen zu *pedać*) neben *powiadać* usw.

Lehrreich ist auch das Verhalten der polnischen Dialekte, nicht als ob sie besonders zahlreich und stark verschieden wären: die südslavischen sind es entschieden in viel größerem Grade, während die Unterschiedlichkeit der ostslavischen, namentlich der großrussischen, förmlich im umgekehrten Verhältnis zu der riesigen Ausdehnung des Sprachgebietes selbst steht. Die Untersuchungen sind heute weit gediehen; je weiter sie gedeihen, desto deutlicher erhellt ihre ausschließliche Bedeutung für rein interne, bloß dialektische Fragen, ihre fast völlige Belanglosigkeit für ältere Geschichte und Sprachgeschichte. Das entscheidendste Merkmal, das sog. Masurieren, d. h. die Zetazisierung der Quetschlaute, *c*, *z*, *s* u. a. für *č*, *ž*, *š*, deren Verteilung einigermaßen alten Stammesunterschieden (Großpolen gegenüber Kleinpolen und Masoviern) zu entsprechen scheint, bedeutet gar nichts, da sie sich außerhalb des

Polnischen fortsetzt (die Pommern und Polaben 'masurieren' ebenfalls; ebenso die Letten und teilweise, *c* = *č*, die Nordgroßrussen); daher keinen genetischen Zug (für einstige engere Zusammengehörigkeit innerhalb des Volksganzen) darstellt. Während nun dieses 'Masurieren' das Volkssprachengebiet in einen größeren östlichen und kleineren westlichen Teil spaltet, scheidet das nach den Dialektologen nächst wichtige oder allgemeine Merkmal dieses Sprachgebiet in einer grundverschiedenen Richtung, in einen nördlichen und einen südlichen Teil; beide Einteilungen heben einander direkt auf; in Wirklichkeit erklärt sich der Widerspruch so, daß das erstere Moment uralt, das zweite verhältnismäßig jung ist. Bei schärferem Zusehen ergibt es sich, daß die geringste Isolierung, solange keine Schule mit ihrem nivellierenden Einfluß dazwischen tritt, ausreicht, um dialektische Differenzierung zu erzielen, die immer von neuem entstehen kann, daß es dazu keiner Migrationen, Kolonisierungen u. dgl. bedarf, die natürlicherweise den Prozeß beschleunigen würden; daß daher bei Rückschlüssen irgend welcher Art nur mit der größten Vorsicht vorzugehen ist — für die verwickelten Prozesse auf dem Balkan, wo sich nichts dauernden Isolierungen in die Wege stellte, vielleicht ein bemerkenswerter Wink. Interessant sind auch die modernsten Verhältnisse, die ein immer stärkeres Aufgeben der dialektischen Unterschiede erweisen; die Dialektologen sprechen mit Recht von einem sich stetig erweiternden Zentralgebiet, auf dem man sich von der Literatursprache wenig entfernt. Dagegen sind ihre Versuche, der Geschichte zum Trotz als Heimat der polnischen Schriftsprache (weil sie nicht 'masuriert', weil ihr natürlich ganz junge kleinpolnische Merkmale, wie *k* für auslautendes *ch*, *na nogak* 'auf den Füßen', Schwund der Nasalvokale vor Zischlauten, *gesi* 'Gänse' u. dgl. m. fehlen) Großpolen zu erweisen, völlig mißlungen; sie vergaßen, daß für die Schriftsprache ausgleichende und vermittelnde Tendenzen überall eintreten, die ausgeprägten dialektischen Zügen den Eingang verwehren, daß gegen das Zeugnis der Geschichte dialektische Einzelheiten nichts zu beweisen vermögen.

Das Studium des Nordserbischen beider Dialekte kann nicht als blühend bezeichnet werden; die umfassendste wissenschaftliche Leistung verdanken wir K. Muka (Mucke), Historische und vergleichende Laut- und Formenlehre der niederserbischen (niederlausitzisch-wendischen) Sprache 1891, die das gesamte historische und dialektische Material erschöpfte und in steter Anlehnung an das Oberserbische und die übrigen slavischen Sprachen Klarheit über die mannigfachen Lautvorgänge namentlich verschaffte. Eigentümlich, lehrreich ist nämlich die Stellung beider Dialekte, zwischen Böhmisch, zu dem sie z. B. durch die Behandlung der Nasalvokale hinneigen, und Polnisch, mit dem sie z. B. die *tort*-Gruppen (auch *tьrt* usw.) gemeinsam verändern, während sie sich selbst unter einander z. B. durch die Behandlung des $g = h$ unterscheiden und auch an das Polabische, namentlich im Wortschatz sich anlehnen: eine ihrer geographischen Lage entsprechende vermittelnde Stellung, die von neuem darauf hinweist, wie die heutige Gruppierung der Slavenwelt (natürlich bis auf die eingesprengten Fremdkörper des Rumänischen oder Magyarischen) die Verhältnisse der Urheimat ziemlich ungetrübt widerspiegelt und alle phantastischen Verwandtschafts- und Wanderungsannahmen widerlegt.

Während die Sprachwissenschaft im slavischen Westen und Süden ganz in den Bahnen der deutschen, namentlich der Wiener Schule, wandelte, hat sie sich bei den Russen unabhängiger gestaltet, nicht als ob Fortunatov und seine Schüler einerseits, Sobolevskij andererseits, nicht von Bopp und Schleicher, Brugmann und Leskien ausgingen, aber in der Methode, in der ganzen Art ergeben sich Unterschiede. Am wenigsten bei Sobolevskij, der aber nicht Sprachwissenschaft, nur historische Grammatik des Altrussischen und Dialektologie treibt; seine seit 1888 in mehreren Auflagen, stets erweitert und berichtigt erschienenen Vorlesungen über die Geschichte des Russischen, sein Versuch russischer Dialektologie sind gediegene Leistungen, aufgebaut auf einer unübertroffenen Kenntnis der alten Quellen, der Handschriftensammlungen von Moskau und Petersburg (mag man auch über Einzelheiten der Deutung anderer Meinung sein), sowie auf den reichsten modernen Angaben über Dialekte. Die sprachvergleichende Richtung vertreten besonders Fortunatov und seine Schüler, Porzezinski, Schachmatov, Ljapunov u. a. Fortunatov ist mit keinem größeren oder systematischen Werke vor die Öffentlichkeit getreten; man hat von ihm im Drucke (auch im AfslPh., BB., KZ.) nur Einzeluntersuchungen, während seine Vorlesungen in lithographierten Ausgaben (unvollendet im Drucke) eigentlich nur seinen Hörern zugänglich blieben; von vielen seiner Anschauungen erfährt man daher nur aus deren Äußerungen (z. B. bei Ljapunov, Flexionsformen im Altslavischen, I. Flexion der Nomina, 1905), die natürlich die eigenen Publikationen nicht zu ersetzen vermögen. Und Fortunatov hatte und hat uns viel zu sagen. Er ist der erste russische Sprachwissenschaftler großen Stiles. Seine ausgebreiteten und gründlichen Kenntnisse, sein staunenswerter Scharfsinn und erfinderischer Geist, seine starke Selbständigkeit, seine sich im minutiösesten Detail bewährende Akribie, die Sorgfalt seiner Arbeit befähigten ihn zu Funden und Ausführungen, mit denen er anderen Forschern zuvorkam, die er aber förmlich verbarg, so daß wir von ihnen erst nach vielen Jahren etwas erfahren. Aber Fortunatov hat auch die Fehler seiner Tugenden. Seine Kritik wird zu Haarspalterei; die Sucht, alles als strikt regelmäßig hinzustellen, verführt ihn zu gewagten Kombinationen (z. B. zu seiner Erklärung des *-tъ* statt *-tь* in der 3. Sing. Ind., als eines Pronomens, das er mit preuß. *-ts* zusammenbringt, was fürs Preußische schon Bopp 1853 richtig erkannt hatte, vgl. etwa poln. *jestci* u. a. für *jest*, was aber für die slavische Form unmöglich gelten kann); dieselbe Tendenz verführt ihn andererseits zu langwierigen Konstruktionen völlig unkontrollierbarer, also mehr oder minder willkürlicher Lautübergänge, zur Aufstellung der feinsten Nuancen von Lauten, Anlauten u. dgl. schon in der Ursprache. Ihn beschäftigt fast ausschließlich Laut- und Formenlehre; ihm verdanken wir die eindringendsten Akzentbeobachtungen, die Unterscheidungen von Lautnuancen, bei denen wir uns jedoch starker Zweifel nicht immer erwehren können. Fortunatov scheint ja in einem, bei Russen nicht ungewöhnlichen Doktrinarismus befangen; darnach müssen alle Erscheinungen der Sprache restlos aufgehen; darum wird die Unmenge von Urlauten und Urübergängen konstruiert; seine Kenntnisse, sein vor keinerlei Spitzfindigkeiten zurückscheuender Scharfsinn, seine konsequente Methode gewähren diesen Ausführungen großen Nachdruck, aber man braucht nur die Prämissen zu leugnen oder anzuzweifeln, um die gesamte Argumentierung zu beseitigen. Übrigens bewahrt auch diese Methode nicht vor eventuellen starken Entgleisungen, wie sie z. B. Schachmatov bei seinen keltisch-slavischen Ausführungen (AfslPh. 31 u. a.) zustießen. Als Prinzip gilt natürlich Unantastbarkeit der Lautnormen; was sich dem nicht fügt, wird beseitigt, indem man alle möglichen Laute der Ursprache zudiktiert und die längste Reihe aller möglichen Prozesse einschiebt (historische Zeugnisse sind natürlich überflüssig), nur um zu dem gewünschten oder von vornherein gegebenen Resultat zu gelangen, was in seiner Art fast ebenso Willkür ist, wie die Außerachtlassung der Lautnormen. Daß im Einzelnen der Scharfsinn und die sorgfältige Untersuchung Triumphe feiern, sei ohne weiters zugegeben; die Methode als Ganzes flößt Bedenken ein. Namentlich ihre Tendenz, die Urkeime der gesamten modernen Entwicklung schon in die Ursprache zurückzuverlegen und diese mit allen Lautnuancen (ein *i̯* neben *j* u. dgl.) zu bepacken. Daß diese Tendenz mit der alten Schleicher'schen Auffassung, als wäre das gesamte neuere Sprachleben nur Verfall oder Zerrüttung des herrlichen alten Baues der Urzeit, gründlich aufräumt, die organische Weiterentwicklung allein betont, sei ihr wieder zugute geschrieben.

Aber nicht nur in Urzeiten operieren Fortunatov und seine Schüler mit endlosen Nuancen und Varietäten von Lauten, sie wiederholen dasselbe Spiel auf näher liegenden Gründen. Man vergleiche die Deutung, die Schachmatov von dem anlautenden russ. *o* = *je* (der anderen Slavinen) gibt, mit dem was Sobolevskij über dasselbe sagt: hier die Angabe der Fakta, dort die verwickeltesten und unwahrscheinlichsten Kombinationen. Oder man lese den interessanten Artikel Schachmatovs über die Entwicklung vom Urrussischen bis zu den heutigen Dialekten in der Brockhaus-Jefronschen Enzyklopädie; man staunt über die Beherrschung und lichtvolle Verteilung der Materie, aber man wird der Zweifel über die verschiedenen *ŏ*, *ă* des Urrussischen und deren Geschichte nicht los. Bei andern Russen vermißt man gar sehr eine freiere Auffassung; sie kleben allzusehr sogar an den Schriftzeichen (Ščepkin z. B. in seinem Studium der Sprache des Savaevangeliums; Kulbakin in seinem Einfall über doppeltes poln. *r*, Łavrov in seiner Beurteilung alter bulgarischer Formen u. a.), doch seien die monographischen Darstellungen des Sprachgebrauches wichtiger alter Texte nach Verdienst hervorgehoben; dazu kommen sehr verdiente, weil unumgängliche Neuausgaben alter Texte, z. B. des Suprasler Codex, der Savina Kniga u. a. Mit außerordentlichem Eifer wird Dialektologie getrieben, werden Fragebogen über das ganze Reich verschickt; in akademischen Publikationen (in den Izvěstija der slav. Abteilung), in den ethnologischen Zeitschriften (Živaja Starina u. a.) nehmen Einzeldarstellungen viel Raum ein.

Über Abgrenzungen, Verschiebungen im einzelnen u. dgl. sind die Ansichten nichts weniger als geklärt. Gewiß, die Haupttrennung, Südgroßrussisch (mit dem das Weißrussische, nicht mit dem Kleinrussischen, unmittelbar zusammengehört?) und Nordgroßrussisch läßt sich einigermaßen durchführen, wobei der Moskauer 'Zentraldialekt' eine merkwürdige Rolle spielt, da sein Konsonantismus 'nördlich', sein Vokalismus 'südlich' ist; man erklärt dies so, daß auf den ursprünglich nordrussischen Dialekt, der einst weiter südlich reichte, der südgroßrussische eingewirkt hat. Aber die weitere Einteilung, wie sie z. B. Sobolevskij für Nordgroßrussisch und Weißrussisch ansetzt, in die *Čo*- und *Co*-Gruppe (je nachdem beide Laute zusammenfallen oder nicht), scheint bereits willkürlich und die Einsicht, die sich aus dem französischen dialektischen Atlas unmittelbar aufdrängt, daß es keine Grenzen von Dialekten, nur Grenzen einzelner dialektischen Fakta gibt, daß die Isoglossen, Isophonen, Isotonen usw. niemals parallel laufen, daß sie sich beständig nur schneiden und kreuzen, wird wohl auch die Darstellung russischer Dialektologie beeinflussen müssen. Aus der überreichen Literatur sei nur erwähnt eine besondere dialektologische Chrestomathie von Durnowo und Uschakow 1910. Während in den 'Vorlesungen' von Sobolevskij das Hauptgewicht auf die handschriftliche alte Überlieferung gelegt wurde, ist Schachmatovs Kursus der russischen Sprachgeschichte (2 Bde., lithographiert, gelesen an der Universität Petersburg 1909 und 1910) eine vollständige Einbeziehung dieses dialektologischen Materials. Für das Weißrussische gilt, trotz vieler Irrtümer im Einzelnen, wegen der Fülle des Materials als Hauptwerk das von Karskij, Die Weißrussen (russ., 2 Bde. Warschau 1909—1911); für das Kleinrussische fehlt es an einer derartigen Grundlage. Die Hauptmasse des kleinrussischen (oder mit dem unhistorischen Namen: ukrainischen) Volkes spricht ziemlich einheitlich; schärfere Unterschiede machen sich in den Grenzgebieten im Norden und gegen die Slovaken in Ungarn geltend; O. Broch in Publikationen russisch und deutsch, Werchratskij, Hnatjuk haben namentlich über die ungarisch-ruthenischen Dialekte gehandelt; der anstoßende der Lemken ist interessant, weil er von seinen polnischen Nachbarn, ebenso wie einzelne böhmische Dialekte, die polnische Pänultimabetonung übernommen hat — ein Faktum, worauf sich die Verfechter des deutschen Ursprunges der westslavischen Initialbetonung jedenfalls nicht berufen können. Der Wortschatz des Kleinrussischen ist auch durch die Wörterbücher von Żełechovskyj (Lemberg 1886) und Hrinczenko (Kiew 1907) nicht erschöpft; eine treffliche, nicht nur praktische Zwecke verfolgende Grammatik ist bereits oben genannt. Da die alte Schriftsprache (der Kiewer Denkmäler) so gut wie keine direkte kleinrussische Spuren aufweist, konnte die falsche Behauptung auftauchen, die zuletzt Sobolevskij vertrat, daß das heutige Kleinrussisch der Ukraine die Stelle des dortigen alten Großrussisch, das nur vor den Tatareneinfällen das Land im dreizehnten Jahrhundert räumte, durch jüngere Kolonisation, aus Galizien zumal, eingenommen habe; die Frage ist für die Beurteilung dialektischer Einflüsse auf Schriftsprachen (vgl. u.) interessant. Daß russische Linguisten dem Kirchenslavischen angelegentliche Studien widmen, dem ja ihre eigene Schriftsprache soviel verdankt (vgl. das Werk von Bulič über diese Abhängigkeit), ist selbstverständlich, vgl. die gedruckten Vorlesungen über Kirchenslavisch von Sobolevskij, Bogorodickij, Budde u. a.; als jüngste und gründlichste Arbeit der Art sei genannt Kulbakin, Altkirchenslavische Sprache, I. Einleitung, Phonetik 1911 (russ.), wozu 1912 Formenlehre und Texte hinzukamen. Einen Abriß der Geschichte der modernen Literatursprache verfaßte Budde (1908, als 12. Heft der slav. Enzyklopädie). Die experimentelle Phonetik hat ebenfalls zahlreiche Vertreter, unter denen besonders Bogorodickij hervorragt, Vertreter der Kasanischen Schule (Baudouins), neben ihm Thomson, Szczerba u. a.

In einer Spezialität wirkte die russische Forschung geradezu bahnbrechend, in der Akzentlehre, wozu freilich der Russe schon durch den freien und beweglichen Akzent seiner eigenen Sprache angeregt werden mußte. Nach originellen, aber etwas allzusehr phantastischen Versuchen eines Böhmen schuf erst der Moskauer R. Brandt einen wissenschaftlichen Abriß der slav. Akzentologie (russ., 1880), der freilich noch gar sehr unter dem Mangel reichen, verläßlichen Materials, z. B. für das Kaschubische u. a. zu leiden hatte. Einen wichtigen Fortschritt brachte Fortunatov, Zur vergleichenden Betonungslehre der lituslav. Sprachen (AfslPh. 4 und 11), der die Intonation des Litauischen mit der einstigen slavischen identifizierte; daran schlossen sich die Arbeiten von Leskien (s. o.), Schachmatov Zur Geschichte der serbochorvatischen Betonungen (russ.), Maretić Slavischer Nominalakzent vergleichend mit dem litauischen, griechischen und altindischen (kroat.), Hirt Der indogermanische Akzent usw. und heute widmet jede Vergleichende Grammatik diesem Thema ein besonderes Kapitel, z. B. Vondrák, im ersten Bande; Mikkola, Urslav. Grammatik S. 116—146, mit besonders lichtvoller Darlegung der lituslavischen Verhältnisse. Ob alle weitgehenden Schlüsse, die man aus der Akzentologie folgert, sich behaupten werden, ist eine Frage für sich.

Fast ausschließlich auf dialektologische Studien scheint die südslavische Sprachforschung eingestellt, eine Forschung, die sich in einzelnen Vertretern nicht immer von nationalpolitischen Tendenzen frei zu halten wußte. Während z. B. bulgarische Forscher (Miletič, Conev u. a.) das Bulgarische nach der Vertretung des *ě* in Ost- und Westbulgarisch einteilen (dort eine Art polnisches *ia* dafür, hier nur ein *e*), leugnen serbische (Belić u. a.) geradezu das Vorhandensein eines Westbulgarisch; für sie sind die westbulgarischen Mundarten im Norden und im Zentrum, von der Donau bis tief nach Mazedonien hinein, serbisch, Südmazedonien dagegen ist ihnen ein ganz besonderes, vom bulgarischen ganz getrenntes Sprachgebiet. Gerade Mazedonien lenkte als eine terra incognita die Dialektforschung auf sich, trug man sich doch mit der Hoffnung, dort die Wiege des Altkirchenslavischen entdecken zu können; die Hoffnung trog zwar völlig, aber interessante Fakta traten in Hülle und Fülle zutage (die Erhaltung nasaler Silben, nicht Vokale; der Ersatz von *tj*, *dj*, zum Serbischen, nicht zum Bulgarischen stimmend; der Ersatz der Halbvokale u. a.). Irren würde jedoch, wer etwa auf Grund von *ć*, *dj* (*ḱ*, *ǵ*) die mazedonischen Dialekte für serbisch oder sie wegen ihres Aufgebens jeglicher Quantitätsunterschiede für bulgarisch erklären würde. Solche einzelne Kriterien beweisen nichts, fanden sich doch Forscher, die auf Grund des nordwestbulgarischen *č*, *dž* für *tj*, *dj* einen längeren unmittelbaren Zusammenhang dieser Bulgaren mit den Kleinrussen (wegen derer *č*, *dž*) lehrten; anderen entschied für ähnliches der dialektische Ersatz der Halbvokale durch *e*, *o* wie im Russischen, was alles ebenso richtig ist, wie wenn man böhm. *trat* usw. = südslav. *trat* usw. (aus *tort* usw.) als Beweis für einstigen Zusammenhang oder gar Beeinflussung der Böhmen durch Südslaven ansähe, wie dies tatsächlich geschehen ist; schade nur, daß während der ganzen *tort*-Evolutionen Böhmen und Südslaven durch den Avarenwall hermetisch von einander getrennt waren!

Gerade die südslavischen Dialektverhältnisse machen die Frage nach Übergangs- oder Mischdialekten zu einer akuten. Bekanntlich werden Übergangsdialekte von manchen Forschern direkt geleugnet; aber daß es keine Übergangsdialekte zwischen Slavisch und Litauisch oder Polnisch und Russisch gibt, beweist noch gar nichts gegen ihr Vorhandensein auf andern Gebieten, zumal in jener ununterbrochen zusammenhängenden Kette, die von Saloniki bis Klagenfurt reicht. Es würde am Timok und an der Morawa manchmal schwer fallen zu entscheiden, ob man einen serbischen Dialekt mit Bulgarismen oder einen bulgarischen mit Serbismen vor sich hat, zumal seit dem raschen Vordringen des Serbentums nach 1878; wer noch mit vorgefaßter Meinung heran tritt, wird leicht nach seinem Belieben die Entscheidung begründen. Auf eine Aufzählung der dialektischen Forschungen sei hier verzichtet; erwähnt seien nur die deutsch geschriebenen Dialektstudien der Balkankommission der Wiener Akademie, von Miletič, Rešetar u. a.; auch V. Oblak, ein Slovene, der verheißungsvollste unter den südslavischen Slavisten, lenkte zuletzt nach Mazedonien seine Schritte, sein früher Tod war ein Verlust für die Wissenschaft. Neben dialektischen werden sprachhistorische Studien (über älteren Sprachgebrauch bei einzelnen Schriftstellern oder auf ganzen Gebieten) bevorzugt; Pleteršniks slovenisches Wörterbuch ist eine solide Leistung; bei Serben, Kroaten, Bulgaren sind es die Akademien und Universitäten, die sich jetzt die Pflege der linguistischen Studien angelegen sein lassen, deren Aufzählung nicht hierher gehört (erwähnt sei nur die Grammatik und Stilistik von Maretić, eine Kodifizierung der Vuk-Daničićschen Sprache). Auf dem Balkan spielt noch ein Unbekannter eine geheimnisvolle Rolle, der das Aufkommen des Artikels, den Verlust des Infinitiv, der Deklination u. dgl. förmlich auf internationalen Austausch hin (mit Rumänen usw.) verschuldet haben soll; inwiefern diese auf Miklosich zurückgehende Behauptung zutrifft, mag eingehendere Forschung entscheiden; für den Artikel und die Deklination ist sie schon energisch bestritten, trotzdem ist die Grundanschauung von

Miklosich, daß die Verhältnisse auf dem Balkan (Albanisch, Neugriechisch usw.) kombiniert zu betrachten sind, durchaus nicht abzuweisen.

Neben dieser großen Zahl der einheimischen Forscher und ihrer Arbeitsteilung verschwinden fast die fremden. In Deutschland wäre Berneker zu nennen, der nach Studien über Wortstellung im Slavischen (und einer slavischen Chrestomathie für Unterrichtszwecke) ein neues Etymologisches Wörterbuch der slavischen Sprachen unternommen hat. Auf das von Miklosich waren zwei Etymologika des Russischen gefolgt, von Gorjajev und Preobraženskij (letzteres noch im Erscheinen begriffen), beides Kompilationen ohne selbständigen Wert, letzteres besonders ausführlich und sorgfältig hergestellt. Das Werk Bernekers unterscheidet sich von Miklosich vor allem durch die weit größere Ausführlichkeit der stets übersetzten (und akzentuierten) Belege sowie durch die Heranziehung der gesamten linguistischen Literatur, was alles für Miklosich gar nicht existierte. Unter den Franzosen ist vor allem Meillet zu nennen, der bei seinen ausgebreiteten Sprachstudien, die sich auch mit Armenisch oder mit Prinzipienfragen beschäftigen, mehrere Abhandlungen speziell dem Kirchenslavischen (eine Stammbildungslehre; über den Gebrauch des Genetiv-Akkusativ u. a.) gewidmet hat; dem scharfsinnigen und geistreichen Forscher verdankt man manche treffende Erklärung und noch mehr Hervorkehrung von Schwierigkeiten, wo man sonst achtlos hinglitt; auch einzelne gediegene praktische Arbeiten (russ. Grammatik; Betonung) verdanken wir Franzosen (Mazon u. a.), die auf literarhistorischem Boden mehr leisten als auf linguistischem. Unter den nordischen Forschern ist Olaf Broch zu nennen, der nach zahlreichen eingehenden Dialektstudien, zumal über Kleinrussisch und Serbokroatisch als erster eine slavische Phonetik (russisch und deutsch) verfaßte, die erste fachmännische Untersuchung aller slavischen Laute und Sprechweisen; außerdem J. Mikkola, der die Sprachen Nordeuropas und Nordasiens in weitem Umfang beherrschend, sich zuletzt der Erforschung des Urslavischen widmete und den ersten Teil einer urslav. Grammatik erscheinen ließ, der sorgfältig gearbeitet, manches Neue bringt, im einzelnen jedoch auf Widerstand stoßen dürfte (vgl. u.); schon der Versuch, sich auf die Ursprache zu beschränken (nur mit einzelnen Ausblicken auf die weitere Entwicklung in den Einzelsprachen) war neu und dankenswert. H. Pedersen hat in seiner scharf eindringenden Art auf Grund eines großen Wissens auch fürs Slavische manchen schätzenswerten Beitrag in KZ. u. a. beigesteuert. Tore Torbiörnsson ist im Grunde über seine 1902 und 1904 erschienene Gemeinslavische Liquidametathese nicht herausgekommen; er wandte außerordentlichen Fleiß und Scharfsinn auf eine verfehlte Theorie, ließ er doch ein urslav. *vòrna* 'Krähe' zu einem gemeinslav. *vrona* umgestellt werden und daraus die einzelsprachlichen Formen hervorgehen, was schon darum unmöglich ist, weil dieser ganze Vorgang hauptsächlich einzelsprachlich und jung ist, noch im 9. und 10. Jahrhundert eintritt, z. B. wird aus dem Namen Karl des Großen die slavische Benennung jedes deutschen, dann jedes Königs (*Král*, *Król*, *Korol*); diese einzigrichtige (von Torbiörnsson 'völlig unmöglich' genannte, auch von Fortunatov abgelehnte) Erklärung hat schon Dobrowsky aufgestellt und an ihr (wie an ähnlichen Fällen: *Mrata* aus *Martin* usw.) scheitern alle ziemlich überflüssigen Versuche, das Faktum nicht nur zur Kenntnis zu nehmen, sondern es auch zu erklären.

Zum Schlusse dieser Ausführungen ein Wort noch über Wert und Ertrag der ganzen, heute so intensiv gepflegten Dialektforschung. Wir hoben eben hervor, wie die Hoffnung, in Mazedonien eine Fortsetzung, einen Nachkommen des Altkirchenslavischen zu finden, in nichts zerrann; ebensolchem Trugbilde jagt nach, wer von den modernen Dialekten (alte Aufzeichnungen fehlen meist) Auskunft über Sprachgeschichte erwartet, wie sie uns die Schriftsprachen bieten. Nur in Einzelheiten ist hie und da etwas zu finden; so z. B. erfahren wir aus den großrussischen Dialekten, daß die Versuche, den abweichenden Gen. Sing. der pronominalen und adjektivischen Deklination russ. *tavo*, *złova*, *dobrava*, die nach kirchenslavischer Weise mit dem *g* geschrieben werden, durch eine Art Analogiebildung zu den possess. Adjektiven auf *-ov-* zu erklären, falsch waren, daß diese Endung rein phonetisch entstanden ist; nur protestieren wir gegen die Verlegung ihres Grundlautes schon ins Urslavische. Oder es belehren serbische Dialekte, daß der Versuch, die Endung des Gen. Plur. auf *a* (ein ganz singulärer Fall, scheinbare Ersetzung des auslautenden Halbvokals durch einen vollen, was natürlich ausgeschlossen ist), aus dem Lok. Plur. *ah* zu erklären, falsch war, weil diese Endung nicht nur *a*, sondern dialektisch *ъ* lautet, somit kein ursprüngliches *a* erhalten kann. Oder wenn in dem ältesten polnischen Sprachdenkmal, in dem Marienliede des dreizehnten Jahrhunderts, der Vokativ *bożyce* 'Gottsohn' als falsche Form d. i. als eine unmögliche bezeichnet wird, so rettet ihn ohne weiters der Vok. *panice* einer dialektischen Aufzeichnung vom Ende des sechzehnten Jahrhunderts. Oder wir finden in einer Reihe von Ausdrücken der sonst nicht 'masurierenden' polnischen Schriftsprache Masurismen, *c* für *cz* u. a. Namentlich im Wortschatz der Dialekte erhalten sich Archaismen, z. B. für den polnischen Germanismus *dyszel* 'Deichsel' bietet noch das schlesische Polnisch das halb idg. *oje* usw. Aber über solche Einzelheiten kommen wir nicht hinaus; das Studium der Dialekte ergibt für Volksetymologie, Analogiebildungen, phonetische Weiterentwicklung reichliches Material, doch nur das wenigste für Aufklärung der Schriftsprache d. i. der älteren, kodifizierten Sprachphase. Mag Dialektologie noch so systematisch und intensiv betrieben werden, für die eigentliche slavische Sprachwissenschaft, wie wir sie hier verstehen, kommt dabei blutwenig heraus: natürlich mit Ausnahme der Fälle, wo die ganze sog. Sprache auf bloßer dialektischer Aufzeichnung beruht, wie dies im Polabischen (was zu wenig berücksichtigt wird) oder im 'Slovinzischen' der Fall ist; das sind eben keine Sprachen, sondern bloß Lokaldialekte, mögen sie auch ganze Sprachen zu vertreten haben aus Mangel an anderem, besserem Ersatz.

Methodisches.

Auf obigen gedrängten historischen Überblick hätte eine Darlegung des heutigen Standes der slavischen Sprachwissenschaft zu folgen; dies ist in einem knappen Rahmen nicht ausführbar, weil man sich mit der bloßen Aufzählung der strittigen Punkte — und strittig ist alles — begnügen müßte; bis heute ist nämlich nirgends Einigung erzielt: quot capita tot sensus. Gewiß, es herrscht kein Streit in den elementarsten Dingen, über die bloßer Augenschein belehrt, z. B. die doppelte Palatalisierung der Gutturale; die Schicksale von *tj* und *dj* in den einzelnen Slavinen; der doppelte Ursprung des *s* aus *s* und *k̂*; *ch* aus *s* u. dgl., aber sogar hier setzen sofort Zweifel und Irrungen ein, sowie man etwas tiefer dringt. Werden beide *s* zu *ch* verhaucht oder nur das aus *s*, nicht das aus *k̂*? wird nur intervokalisches *s* nach den *i*- und *u*-Lauten und nach *r* verhaucht oder auch anlautendes? auch *ks*? ersteres wird allgemein bestritten, letzteres allgemein behauptet; beides gleich falsch, denn *chodъ* = ὁδός beweist ersteres unwiderleglich (der Einfall, die Verhauchung des *s* käme hier von Zusammensetzungen mit *pri*- und *u*- her, ist nicht der Erwähnung, geschweige einer Widerlegung wert); die Aoriste *rěchъ*, *žachъ* aus **rēksъ*, **žagsъ*, die einzigen 'sicheren' Beweise für den Wandel von *ks* zu *ch*, beweisen nichts, weil sie ebensolche Analogiebildungen sein können wie *jachъ* 'aß' für *jasъ* (das doch durch den Infin. *jasti* besser geschützt war, als **rěsъ* durch *rešti*), oder *pęchъ* für *pęsъ*. Sogar über rein lautphysiologische Vorgänge, wie die Behandlung des *tj*, *dj*, ist keine Einigung erzielt. Von den Vokalen müßte man schon ganz absehen, da herrscht nur das Chaos, z. B. über das *ě* und *i* von Lok. Sing. *vlъcě*, Nom. Plur. *vlъci* (umgekehrt im Lit. Lok. *namiė*, aber Nom. Plur. *namaĩ*): woher kommt dieser Unterschied gegenüber dem einheitlichen *oi* von οἴκοι, λύκοι? Die einen erkennen den Grund in der verschiedenen Akzentuierung (betonte und unbetonte Silbe); die anderen in der Intonation (geschleifte und gestoßene); andere erkennen in *vlъcě* die Endung des Lok. Fem. (!); andere ziehen die Formen *beri* = φέροις heran und lassen Geschlossenheit oder Offenheit der Endung entscheiden; wenn, was unerläßlich scheint, der lit. Nom. Plur. *vil̃kaĩ* gegenüber *tiė*, *gerì*, hinzugefügt wird, der eben darum gar kein Nom. Plur. M., sondern ein Nom. Plur. N., womöglich mit einem *i*-Affix (*vilkā-i*), sein soll (eine Annahme, die ebenso allgemein geglaubt wird, wie sie prinzipiell abzulehnen ist), dann ist die Verwirrung nicht mehr zu überbieten. Und fast bei jeder anderen Endung wiederholt sich das erbauliche Spiel. Was von den Endvokalen gilt, gilt ebenso von den Anlautsvokalen; wie schwanken die Auffassungen über das *ja*- von *jadъ* 'Gift' und über jedes andere *ja*-. Nur Syntax und Stammbildung sind geringen Zweifeln ausgesetzt, schon darum, weil man sie nur ausnahmsweise berücksichtigt; man hält sich schadlos an Lauten und Formen; man schafft neue 'Lautgesetze', damit sie der nächste Forscher zum alten Eisen werfe. Es ist z. B. Eigenheit der Slaven und Litauer, daß sie alle aspirierten Laute verlieren, nichtsdestoweniger läßt man ein *qh* (*kh*) von den Slaven allein fortleben und zu einem *ch* werden, aber die Belege dafür gewinnt man aus bloßen Wurzelgleichungen, die nichts besagen, weil sie stets durch beliebige andere Wurzelgleichungen ersetzt werden können. Bei diesem Stand, oder richtiger Fluß der Forschung wird es genügen, einiges herauszugreifen, namentlich solches, woran sich prinzipielle Auseinandersetzungen anknüpfen lassen.

Während somit auf den einzelsprachlichen Gebieten erfreuliches Leben herrscht, hervorragende, namentlich monographische Leistungen Jahr aus Jahr ein zu verzeichnen sind, stagniert die eigentliche sprachwissenschaftliche Forschung förmlich; man bewegt sich stets im Kreise; dieselben Probleme werden immer wieder angefaßt, ohne daß Übereinstimmung erzielt wurde. Woran liegt das und welches sind die dringendsten Aufgaben, ohne deren Lösung eine entscheidende Wendung zum Bessern kaum zu erwarten ist?

Einige weitere Beispiele mögen erst die Berechtigung unseres absprechenden Urteils erweisen. So kennt z. B. der einheimische slavische Wortschatz viele Worte auf *ch-*, und zwar für die gewöhnlichsten Begriffe: Wollen, Wahren, Krank, Lob, Greifen usw., in den reichsten Verzweigungen, von höchstem Alter: außer *chodъ* 'Gang' ist bis heute kein einziges dieser Worte, trotz aller möglichen oder richtiger unmöglichen Versuche, sicher gedeutet! Dieser absolute Bankerott der modernen Etymologie ist natürlich nichts Zufälliges; er ist auf die Rechnung der Methode selbst zu setzen. Oder die leidige Frage der Behandlung der *tort*-Gruppen. Kein Slavist, seit Joh. Schmidts Tagen, hat sie unbesprochen gelassen, das Material ist fast vollständig zusammengetragen, aber unfruchtbare Polemik dauert bis heute an; von den neuesten ihr gewidmeten Schriften seien nur erwähnt T. Torbiörnsson (Kritische Bemerkungen zur slavischen Laut- und Akzentlehre, Uppsala 1914) und Sig. Agrell (Zur slavischen Lautlehre, Lund 1915). Es stehen sich die Metathesen- und die Svarabhakti-Theorie entgegen und bekämpfen einander, ohne zu ahnen, daß für keine von beiden Raum ist, daß jeder Versuch einheitlicher Deutung ganz uneinheitlicher Vorgänge von vornherein aussichtslos bleiben muß, als wie wenn jemand die verschiedenen Resultate, zu denen urslav. *tj*, *dj*, in den Einzelsprachen geführt hat, einheitlich deuten wollte, als ob *č*, *c*, *št*, *ć*, usw. sich unter einen Hut bringen ließen. Beide Prozesse sind ungefähr gleichen Alters; bei beiden war der jeweilige Ausgangspunkt der gleiche, hier *tort*, dort *tj*; beide haben in den Einzelgruppen verschiedene Richtungen eingeschlagen.

Slav. *tort* usw. ist Polnisch-Polabisch und Nordserbisch einfach umgestellt, zu *trot* usw.; ein vokalisches Element in dem umgestellten *trot* zwischen *t* und *r* hat es nie gegeben. Das erst durch die Umstellung frisch hinter *t* tretende, also noch stärker vibrierende *r* ist im Niederserbischen natürlich anders behandelt als uraltes *tr*, daher *prose* 'Ferkel' aus *pors-*, aber *pšosyś* 'bitten' aus ursprünglichem *pros-*. Für *tort* allein, d. h. nicht auch für *tolt* usw., ist daneben, besonders im Polabischen, seltener auch im Polnischen, Dehnung zu *tart* eingetreten, *gard* u. dgl., ohne Umstellung verblieben. Im Böhmischen und den südslavischen Sprachen sind alle *tort* usw. zu *tart* usw. gedehnt und dann noch umgestellt, zu *trat* usw. Im Russischen allein entwickelte sich aus dem Stimmton des *r*, *l* ein neuer Vokal, so entstand der Vollaut *torot* usw. Ähnlich im Anlaut, nur fehlt der 'Vollaut', also nur einfache Umstellung, *rot*, sonst Dehnungen, *art* oder *rat*, namentlich im Südslavischen. Kleinere Schwankungen treten noch überall ein, Erhalten unumgestellter Formen, Ausnahmen jeglicher Art, öfters nur scheinbare; besonders wichtig ist die verschiedene Intonation der *tort*-Silben, daher in ihrem Gefolge verschiedene Betonung (russ. *górod*, aber *koróva*) und Quantität (böhm. *hrad*, aber *krāva*); im Kleinrussischen unterbleibt die Verengung des jüngeren *o* (*horod*, nicht *horôd*) usw.

Das sind die tatsächlichen Verhältnisse, an denen nichts weiter zu tifteln ist, bei denen nur noch nach Alter und Zentrum der Änderungen zu fragen bliebe. Daraus macht nun die Metathesentheorie folgendes: urslav. *tort* wurde nach ihr zu gemeinslav. *tŗot* und dies zu russ. *torot*, poln. *trot*, südslav. *trat*, polab. *tart*; daß von *tŗot* zu *trat* und zu *tart* zu gelangen unmöglich ist, daß im Polabischen durch eine neue Metathese die alte Lautfolge wiederhergestellt werden müßte, ficht diese Theorie nicht an; daß die Jugend der ganzen Erscheinung jeden so komplizierten Prozeß ausschließt, ebensowenig. Nicht anders verfährt die Svarabhaktitheorie von Joh. Schmidt und Geitler, die von Sig. Agrell mit Intonations- und Akzentveränderungen nur neu bepackt wurde. Darnach ergab *tort* usw. im Gemeinslav. ein *tor°t*, erhalten im Russ. als *torot*, woraus ein *t°rot* schließlich zu südslav. *trat*, poln. *trot* führte; die Intonationsänderungen usw. übergehen wir, da auf das unlösbare Gewirre stark- und schwachtoniger u. a. Formen und die gegenseitigen Ausgleichungen hier nicht eingegangen werden kann. Abgesehen von allen Einzelheiten scheitert auch diese Theorie wieder an der Sprachgeschichte, die von dem allem nichts weiß; der Lautvorgang ist zudem so jung, daß für alle diese unendlichen Komplikationen einfach kein Raum vorhanden ist. Es spielt sich doch alles vor unsern Augen ab, zwischen dem sechsten und zehnten Jahrhundert; Namen wie Karl der Große, Mark (nserb. *mroka*), Martin (südslav. *Mrata*) usw. werden ja davon ergriffen.

Noch etwas anders verfährt Mikkola, Urslavische Grammatik 85 ff., indem er beide Hypothesen förmlich zusammenlötet; ihm entstand aus *ghordho-* einerseits *gā|rdъ* und andererseits *go|rr̥-dъ*, denn *or* bekam sonantischen Ausgang und wurde zweimorig, indem der Vokal gedehnt und die Liquida in die nächste Silbe hinübergeführt wurde! Oder die Liquida, in ihrem letzten Teil sonantisch, bildete eine Silbe für sich; später trat Umstellung ein, *ār* wurde *ra*, aus *orr̥* entstand *r̥ro* und später *ro*; nach S. 89 könnte auch das Russische einmal im Inlaut *r̥ro* wie das Polnische gehabt haben; die Umstellung trat nur unter gewissen Bedingungen ein — die Irrtümer, die bei dieser ganzen Darstellung fortwährend unterlaufen, können hier nicht im Einzelnen aufgezählt werden. Man legt sich somit in völlig willkürlicher Weise x-beliebige Vorgänge zurecht, die schon darum völlig überflüssig sind, weil man doch ohne einfache Metathese nicht auskommt. Auf noch andere Ausführungen, z. B. die von Vondrák, einzugehen, verlohnt sich nicht mehr; sie richten sich selbst durch die Unwahrscheinlichkeit der vorausgesetzten Komplikationen; nimmt Vondrák doch sogar für den Anlaut den 'Vollaut' in Anspruch!

Die Chronologie scheint für diese Sprachwissenschaft gar nicht zu existieren; dafür schafft sie sich mit Vorliebe alle möglichen Schwierigkeiten, um sie dann glücklich weg zu interpretieren. So schwankt auf jüngerem Sprachboden häufiger der *ji*-Anlaut, es tritt für ihn *je-*, *ja-* ein, sogar in Fremdwörtern; demungeachtet wird einem sekundären *jehla*, *jahla* 'Nadel' für *jigъla* zugemutet, daß es noch auf *jьgъla* unmittelbar zurückgehe, das einmal in der Flexion *jígta*, sonst *igъ́tъ* (Gen. Plur.) ergäbe, woraus dann der Typus *jegta* oder der Typus *igla* durchgeführt würde; natürlich vergißt man darüber, daß, wie einwandfreie Gleichungen erweisen, im freien Anlaut jedes *jь-* bereits urslavisch durch *ji* (*jigo* 'Joch', *ji* eum) ersetzt wird. Mit besonderer Vorliebe werden die Verhältnisse umgekehrt, das junge dem älteren vorgestelllt. So wird z. B. immer wieder behauptet, daß *jedьnъ* 'eins' "die ursprünglichere Form ist, während *jedinъ* daraus durch Einführung der nichtkomponierten Form *inъ* 'eins' entstand"; die Chronologie zeigt das Umgekehrte, die ältesten Denkmäler kennen nur *jedinъ*, *jedьnъ* taucht erst im Suprasler Codex auf, entstanden zu dem aus *jedinogo* gekürzten *jednogo*; im Russischen hat sich das alte *odin* nur noch im Nom. Sing. M. erhalten; sollte etwa die 'Einführung' des *inъ* nur auf diesen einen Kasus beschränkt geblieben sein? Urslav. *ě* (aus *ē*) wird nach *j*, *č*, *ž*, *š* zu *a*, daher in allen Slavinen *stojati* 'stehen', *bojati sę* 'fürchten', *bojaznь* 'Furcht', *časъ* 'Zeit', *jamь* 'esse' usw., vgl. poln. zusammengezogen *stać*, *bać*; dem entgegen wird gelehrt, "wir müssen *čěsъ*, *jědati* als urslav. Formen ansetzen", weil es u. a. im Polnischen heißt *w czesie*, *jadł - jedli*, *leżał - leżeli*. Aber diese polnischen Formen sind junge Neuerungen, vgl. neueres *bojeć*, *stojeć*; *leżeli* ist nach *cierpieli* gesagt, *jedli* nach *śniadł - śniedli* und die Verwirrung steigt zusehends; es wird schon *śmieli się* 'sie lachten', *leli* 'goßen', für allein richtiges *śmiali*, *lali* gesagt; was diese u. a. Formen gegen den uralten Bestand aussagen sollen, wird nicht ersichtlich. Das poln. *jadę*, *jedziesz*, *przy-jeli* 'sind angekommen', *jechać* 'fahren' statt älterem *jachać* dass., beweist unwiderleglich, wie auch ursprüngliches *ja-* (lit. *jóti* 'fahren') behandelt wird. Aber dieses *jachać*, jünger *jechać*, beweist zugleich, daß *czakać* 'warten', jünger *czekać*, von *czaka* 'Erwartung' zu *čają* 'erwarte' (vgl. *znak* zu *znają*, *brak* zu *bьrati* usw.) abzuleiten ist. Der phantastische Ansatz einer reduplizierten Bildung, mit Part. Prät. Pass. *čekanъ* = ved. *cakānas* 'begehrend', verstößt gegen den einfachsten Grundsatz, daß Slavisches zunächst aus dem Slavischen zu deuten ist, gleichgültig bleibt dabei, ob *čekati* älter — vgl. oben über die (beliebte Umkehrung der Chronologie — oder ob "beide Formen gleich ursprünglich sind, *ča-* = idg. *qē* eine Intensivreduplikation darstellt"). Man läßt sich eben durch den ganz zufälligen Gleichklang *čekanъ* = *cakānas* foppen, als ob die Akten über diese Art von Etymologie nicht längst geschlossen wären.

Bedrohlich steigt die Flut neuer 'Lautgesetze', die auf falschen

Etymologien aufgebaut werden. Wenn z. B. Urslav. Grammatik 66 angegeben wird, "die Verbindung *mn* hat meist *n* ergeben", so sind sämtliche dafür genannte 7 Etymologien verfehlt und ebensowenig reichen falsche Formanalysen für 'Lautgesetze' aus. So lesen wir: "das aus *-ons* gedehnte *-ōns* ist in *-ūns* und im Urslavischen nach Ausfall des *s* in *y* übergegangen .. weiter haben wir *ĭ* aus idg. *-ins* über *-īns*, dagegen wurde idg. *-jons* über *jōns*, *jūns* und später *-jį* nicht zu *jě* (soll wohl heißen *jĭ*?), sondern *ję*, weil *j* die Zunge vorwärts zog und zu *ę* führte", worauf nur zu entgegnen wäre, daß ein *-jį* nichts anderes als nur *-ji* ergeben könnte, daß daher die Analyse dieser Form falsch sein muß. Dagegen gleitet man an wirklichen Schwierigkeiten achtlos vorüber; so zählt man stets auf, was aus -(*om*) *on*, *ĭn*, *ŭn* im Auslaut wird, aber man schweigt sich über -(*em*) *en* sorgfältig aus; man nimmt stillschweigend an, daß es *-e* ergebe, als ob dies überhaupt wahrscheinlich wäre — wir könnten doch nur *-ę* erwarten und vielleicht kommt solches sogar im Nom. Akk. Neutr. der *en*-Stämme faktisch vor, die — man vergleiche das Preußische — nicht unbedingt ihr *en* in diesem Kasus im Slavischen dehnen müßten.

Auch gegenüber dem übertriebenen Werte, den man der Anthropophonetik beizulegen scheint, sei eine Bemerkung am Platze. Die Anthropophonetik verhält sich zur historischen Phonetik, wie etwa — man verzeihe den gewagten Vergleich — Anthropologie zu Geschichte; sie gewährt nur theoretische Einsicht in die Natur der Laute und ihrer Veränderungen. Wenn z. B. der Pole *pŀcha* 'Floh' zu *pchŀa* umstellt, so verbreiten sich die Anthropophonetiker über die Gründe: Sparen von Energie u. dgl.; sie vergessen nur, daß, wenn zufällig *pchŀa* ursprünglich wäre, der Pole es sicher zu *pŀcha* umgestellt hätte, wie etwa der Böhme *mhla* zu *mlha* umstellt; polnisch wird, mit Zerstörung des Zusammenhanges mit *puchŀy* 'locker', *puchlny* dass. zu *pulchny* umgestellt. Oder 'Livland' heißt poln. *Inflanty*, d. i. die erste Silbe ist von der folgenden dissimiliert zu *Iflanty* und dann wieder von ihr assimiliert zu *Inflanty*; wenn nun Schule und Literatur dieses *Inflanty* nicht vor weiterer Änderung sicher stellten, würde *Inflanty* unbedingt wieder zu *Iflanty* dissimiliert und dieses vielleicht wieder zu *Liflanty* assimiliert, d. h. nach ein paar Jahrhunderten und viermaliger Wandlung wäre die Sprache zum Ausgangspunkt zurückgekehrt! Mit andern Worten: die historische Phonetik allein entscheidet über den einzelnen Fall, sie erheischt daher alle unsere Aufmerksamkeit und da sind wir noch oft von den Anfangserkenntnissen entfernt; da hilft keine Ansetzung phantastischer Urlaute (man bedenke nur, was dem slav. *ě* zugemutet wird), da führt nur sorglichste Beobachtung des historischen Materials aus dem Labyrinthe von Möglichkeiten heraus; manche der interessantesten Beobachtungen sind noch gar nicht gemacht.

Auch bei der Analyse der Formen übergeht man die Weisungen des Slavischen selbst und fahndet nach möglichst exotischen, z. B. bei der Endung des Nom. Akk. Plur. und Gen. Sing. der *a*-Stämme. Es mußten ja im Sonderleben des Slavischen nach dem Abfall des *s* diese drei Formen mit dem Nom. Sing. zusammenfallen; man fand Ersatz beim Akk. Plur. der *o*-Stämme, der nun natürlich für alle drei Formen eintrat; diese selbstverständliche Lösung gibt das Slavische an die Hand, da ja andere Stammklassen, z. B. die *i*-Stämme nach ihrem sonstigen Habitus zu weit ablagen; aber man begnügt sich nicht damit; man nimmt eine Endung Akk. Plur. *-ōns* an, "die von den *ōn*-Stämmen geliehen wurde" und stellt somit got. Akk. Plur. *qinōns* auf eine Reihe mit slav. *ženy*; die Kleinigkeit, ob denn die Slaven *ōn*-Stämme als eine besondere Klasse je in ihrem Sonderleben geführt haben, wird natürlich übergangen; *srěda* 'Mitte' = got. *hairtō* 'Herz' reicht für diesen Ansatz aus, als ob *srěda*, *voda* 'Wasser' (vgl. *unda*) nicht ebenso gut ursprüngliche *a*-Stämme sein könnten. Wir bestreiten somit das hohe Alter des Vorganges, der ja erst nach dem Abwerfen des *s* überhaupt eintreten konnte. Den Zusammenhang mit dem Akk. Plur. der *o*-Stämme erweist uns der weitere, bei jener Annahme stets übersehene Umstand, daß die west- und ostslavischen Sprachen für alle vier Formen, d. i. für den Akk. Plur. der *o*-Stämme, wie für Gen. Sing., Nom. Akk. Plur. der *a*-Stämme, eine besondere Endung aufweisen, der von dem angeblichen Akk. Plur. der *ōn*-Stämme gar nicht beizukommen ist[1]). Auch die Fem. *i*-Stämme weisen éine Form für Gen. Sing., Nom. Akk. Plur. auf.

Ein anderer Fall. Nur bei den konsonantischen Stämmen (die fürs Slavische auch die *ŭ*-Stämme umfassen), lautet der Lok.

1) Für diese Endung, *konje*, *duše*, ist bisher keine plausible Erklärung gefunden; die neueste, daß urslav. **konję* sich gespaltet hätte zu südslav. *konję* und west-ostslav. *konje*, ist keine Erklärung, nur eine Tautologie.

Sing. auf *-e* aus; man sieht darin eine flexionslose Form mit einer Postposition (oder dieselbe flexionslose Form, *kame* — sic! angeblich aus *kamen*, *slove* aus *sloves*, um die Silben *en*, *es* wieder erweitert). Da die konsonantischen Stämme mit allen ihren Eigenheiten im Slavischen im Schwinden begriffen sind, dürfte doch näher liegen die alte Vermutung, daß dieser Lokativ die Form des Gen. Sing. ist, da ja bei den *u-* und *i*-Stämmen beide Kasus ebenfalls zusammenfallen. Diese hausbackenen Einfälle werden nicht den überzeugen, der nach interessanten Urformen sucht, eher den, der erwägt, daß slavische Deklination im Gegensatze zur litauischen Postposition nicht kennt.

Die Erklärung der Kasusendungen rückt nicht vom Fleck, weil die Grundbedingung, die Einsicht in die Chronologie der Lautveränderungen, fehlt. Was ist z. B. Nom. Sing. M. der *n*-Stämme, *kamy*? nach allgemeiner Ansicht = *kamōn*; wie *-on* zu *ŭ*, verdumpfe *-ōn* zu *ū*. Aber ein anderer sicherer Fall eines *y* aus *ōn* fehlt; slav. *ō* fiel ja mit *ā* zusammen, ein **kamān* hätte unbedingt **kamą* gegeben. Hier kann somit nur entscheiden, was ist älter, das Verdumpfen des *o*-Lautes vor dem Nasal im Auslaute oder Zusammenfall von *ō* und *ā*? Da slav. *-y* unbedingt aus *-ons* entstehen kann (Akk. Plur. M. der *o*-Stämme und Nom. Sing. M. des Part. Präs. Akt. der *o/e*-Stämme; *raby* — *konję* wie *idy* — *žьnję*, Grundform *rabons*, *konjens*, *idons* aus *idonts*, *žьnjens* aus *žьnjents*), so dürften wir auch für *kamy* (obwohl die Nebenform *-ę* fehlt, kein *korę* existiert) von einer slavischen Grundform (Neubildung?) *kamons* ausgehen, die daher mit lit. *akmů* sich nicht deckt. Wie widerspruchsvoll diese Behandlung ist, zeige Mikkola Urgrammatik 75: "idg. *-jom*, *-jum* : slav. *jь*, Akk. Sing. *końь* über **konjъ* aus **konjom*; idg. *-jons* : slav. *-ję*, Akk. Plur. der *jo*-Stämme : *końę* aus *konjons*; Nom. Sing. M. des Part. Präs. Akt. auf *-jons* : *znaję* aus *ĝnōion(t)s*, Gen. *znajǫćťā*" d. h. im ersten Falle verdumpft *o* zu *ŭ*, ehe *j* den Umlaut des *o* zu *e* bewirkt; im zweiten wirkt der Umlaut vor der Verdumpfung; im dritten wirkt der Umlaut nur im Nom. Sing., nicht in den Casus obliqui! Um das Chaos voll zu machen, nehme man *jaje* = ovum hinzu, von dem allgemein behauptet wird, es sei die phonetisch richtige Form: **jajom* wurde **jajem* vor der Verdumpfung des *o* vor *m*, aus **jajem* entstand *jaje*! Für die, die dies behaupten, ist natürlich Akk. Sing. *końь* eine

Neubildung, keine alte Form. Für die momentan herrschende Unsicherheit, Verwirrung ist der Streit über den Nom. Akk. Sing. der *o*-Stämme ein klassischer Zeuge.

Die Analyse der Verbalformen zeigt dasselbe Bild. Nehmen wir z. B. die 2. Sing. Präs. aksl. *bereši*, in allen modernen Slavinen seit jeher nur *bereš*, dagegen bei den unthematischen Verben überall gleichmäßig *jesi* (oder daraus gekürztes *jeś*), natürlich aus **jes-si*. Wer an der größeren Ursprünglichkeit des Altkirchenslavischen festhält, zögert nicht, von *bereši* auszugehen, das *bereš* nach den zweisilbigen übrigen Formen des Singulars daraus zu kürzen; Brugmann-Leskien sehen umgekehrt *berešь* (wegen der Endung *-si* der verwandten Sprachen) für das ursprüngliche an, *bereši* sei in einem Dialekt (der dem Altkirchenslavischen zugrunde liegt) nach *jesi* zu seinem *-i* gekommen. Das *š* von *bereš(i)* sei entstanden d. h. verallgemeinert oder übertragen von lautnormalen Fällen wie *vidiš(i)* u. ä. (wozu übrigens gar kein vernünftiger Grund vorliegt). Aber woher das *i* von *jesi*? Es ist die Medialendung (und wieder ist kein vernünftiger Grund dafür einzusehen, warum hier, ebenso wie im Litauischen, Preußischen, die Medialendung auf einmal neben den primären Endungen auftaucht oder sie gar verdrängt). Aber für das *ai* der Medialendung würden wir *-ě* erwarten, woher das *-i*? Vondrák läßt von **essai* das *-sai* (slav. *oi*) an das thematische Präsens antreten, *berešoi* wird *berešei*, dieses normal *bereši* und darnach wäre **esě* zu *jesi* geworden, ein Hin und Her von Stößen, ganz wie auf dem Billard.

Noch seien die Endungen der 3. Sing. Plur. Präs. erwähnt, weil sich daran die Methode von Fortunatov, eine beliebige Menge von Urformen aufzustellen, am besten kennzeichnen läßt. Das faktische Verhältnis ist: *-tь* (*-ntь*) aus *-ti* (*-nti*) ist erhalten altrussisch und russisch dialektisch, *jestь* kommt außerdem im Polnischen vor; beides vereinzelt auch im Akslav. (*-tь* und *jestь*). Nach dem Grundsatz peccatum est fieri per plura quod aeque bene potest fieri per pauciora wird *-tь* fortgelassen, da *vede* für *vedetь* und *sǫ* für *sǫtь* vollkommen ausreichen; dieser Abwurf von *-tь* ist im Altkirchenslavischen vereinzelt, in den andern Slavinen (außer russ.) allgemein, so daß mitunter die alte Endung nur noch in *jeść* = *jestь* erhalten bleibt (neben dem auch bloßes *je* sehr alt ist). Wo das *tь* nicht abgeworfen wird, finden wir sonst, z. B. im

Altkirchenslavischen, durchgängig *-tъ* dafür: eine 'Verhärtung', die im Slavischen auch Endungen ergreift (z. B. *m* statt *ḿ* usw.), allerdings sonst nur in jüngeren Sprachphasen. Dieses *-tъ* des Präsens trat im Altkirchenslavischen auch an die 3. Sing. Aor. (und die mit ihr identische 2. Sing.) an, meist nur bei einsilbigen Formen, *jętъ* 'nahm' für *ję*, mit willkürlicher Ausbreitung; weil aber die 3. Sing. Präs. *dastъ*, *jastъ*, *jestъ* lautet, tritt sie auch in deren Aorist in derselben Weise auf und erweist damit diese Beeinflussung des Aorist durch das Präsens.

Diese Fakta, weil sie mit sonstigen Sprachgewohnheiten nicht ganz harmonieren, mußten natürlich weginterpretiert werden. Also sollte vor allem *-tъ* nicht = *-tь* sein; man erkannte darin lieber die Injunktivendung *t* + Partikel *u* oder die Medialendung *-to*, d. h. in einem polnischen Dorfe sprachen die Bauern *jeść* = ἐστί, im benachbarten hatten sie dafür *jest* d. i. statt der indikativischen Form die injunktive oder mediale; ebenso wurde der Abfall des *-tь* geleugnet; eine Form wie *wiedzie* (= *vedetъ*) sei so aus der Ursprache hergekommen, aus urspr. *vedet* (ist etwa auch *je* für *jestъ* ursprachlich?) d. h. der polnische Bauer, diesmal in demselben Dorfe, hatte im Sing. *jest* die indik. Form, im Plur. *są* die injunktive! Endlich wurde das *-tъ* mit neuen Mitteln beseitigt: es wäre dies das demonstr.- *tos* (*-os* verdumpfe ja zu *ъ*), angehängt wie im preuß. *ts* an Prät. und Präs., z. B. pr. *astits* für *asti*, was aus dem Grunde unmöglich ist, weil im Slavischen ein derartiges *-tъ* nach Numerus und Genus wechseln müßte, keine Möglichkeit vorliegt, daß der Nom. M. Sing. verallgemeinert worden sein sollte, ganz abgesehen davon, daß die 3. Pers. Aor. *dastъ*, *bystъ*, die sich offenkundig nach ihrem Präsens richten, unerklärt blieben, sie müßten ja **datъ*, **bytъ* lauten. Denn daß der slav. Aor. *da* uraltes **dast* wäre, ist unerweislich, er kann ebensogut oder noch besser = ai. *adāt* sein.

Ein anderer Forscher hat dieses *-tъ* identifiziert mit griech. -θας (d. h. 2. Sing. Perf. -θα, ai. *tha*, mit dem Plus eines *s* von den übrigen 2. Pers. Sing.). Mit andern Worten: um eine wirkliche oder eher nur vermeintliche lautliche späte Schwierigkeit zu beheben, werden ohne Bedenken uralte Formen erfunden oder aufgeboten, die dem Slavischen absolut unbekannt sind, ebenso Anhängsel, die dem Slavischen ebenso fremd sind: die Heilmittel sind somit unendlich schlimmer als die vermeintliche Krankheit selbst.

Alle Einzelheiten dieser Pseudoerklärungen von Meillet und Fortunatov konnten hier nicht widerlegt werden; nur zweierlei sei noch ausdrücklich betont: die Behandlung der altkirchenslavischen Denkmäler, deren Künstlichkeiten der Orthographie man übersieht, jeden falsch oder willkürlich geschriebenen Halbvokal mit heiliger Scheu betrachtet; sowie der falsche Grundsatz, daß, weil etwas sonst in der Sprache nicht vorkomme, ihm die Daseinsberechtigung abzusprechen ist. Im Russischen wird *doło* niemals zu *łodo* umgestellt, es heißt nur *dołoto* usw., aber *dołonь* ist gegen jede Norm zu *łodoń* (*ładoń*) umgestellt worden, sollten wir darum das Wort verleugnen? *Dastъ* wird ganz aufgegeben (dafür bloßes *da* in den meisten Slavinen), *jestъ* überall (eventuell als *jest*) beibehalten, obwohl *je* (z. B. altböhmisch) häufig ist — sind das etwa verschiedene Formen? Nur Willkür könnte dies behaupten. Und wenn gar Vondrák annimmt, die 'Verhärtung' des *-tъ* für *-tь* wäre unter dem Einfluß des Pron. Demonstr. *tъ* erfolgt, so vergißt er wohl, daß das Slavische keine 'agglutinierende' Sprache ist.

Oder man nehme das slavische Imperfekt, eine offenbar junge Bildung, wie der Aor. *mogochъ*, für den man nicht mehr altindische Parallelen aufsucht. Das Imperfekt soll zusammengerückt sein aus einer rätselhaften Verbal(nomen)form auf *-ě* und dem augmentierten oder (weil der Slave nie ein Augment gekannt hat) augmentlosen Imperf. **esom*: als ob für eine junge slavische Bildung, die doch nur mit slavischem Material arbeiten kann, derartige Ur- (oder Un)formen ernstlich in Betracht kämen. Sie sind ebenso undenkbar, wie die in den etymologischen Wörterbüchern noch immer grassierenden Erklärungen slavischer Worte als Komposita aus gänzlich unslavischem Material, z. B. ein russ. *knoroz* 'Eber' "aus **kъrnorzъ*, Komposition von *kъrnъ* mutilus und **orzъ*, **rzъ* 'Hode'" oder poln. *dzięgna* 'Mundfäule' (das nur falsch statt *dziegna* steht) als Kompositum von **dęt-* 'Zahn' und *gn-iti* faulen oder *gavęzъ* cynoglossum als "altes Kompositum aus idg. **g^{u}ōn-n̥g̑hus?*" (d. i. *govędo* und *językъ*) usw. Aber der Slave kann Nomina oder Verbalformen nur aus ihm bekannten Material zusammenfügen und daher sind alle diese Vermutungen prinzipiell abzulehnen, mag auch der Versuch Vondráks, auf einfachere Weise, durch Formübertragungen, nicht durch phantastische Komposition, das Imperfekt zu erklären, mißglückt sein.

Statt eines tieferen Verständnisses begnügt man sich öfters mit der allermodernsten Terminologie. So ist der neueste Abriß polnischer Stammbildungslehre voll von Ausdrücken wie Absorption, Perintegration, Morpheme usw., aber daneben liest man: "in der älteren, ihrer Automatisierung vorangegangenen Epoche waren die Suffixe Exponenten nicht etwa allgemeiner Begriffe und Verhältnisse, sondern konkreter Begriffe von Objekten, Attributen, Zuständen, also z. B. in *włoczęga* 'Landstreicher' war das Suffix *-ęga*, einst *-engā*, Exponent eines ganz konkreten Objektbegriffes, bedeutete vielleicht z. B. irgend ein menschliches Wesen". Aber *włóczęga* bedeutete ursprünglich gar keine Person, sondern eine Tätigkeit, ebenso wie die identischen *włóczba*, *włokita*, *włóczka* dass.; das *ę* ist völlig bedeutungslos, beruht nur auf dem Wechsel von Vokal oder Nasalvokal vor diesen Suffixen (z. B. *ostroga* 'Spitze' = *ostręga* von *ostrъ* 'scharf' oder *govędo* 'Rind' = *gawiedź*, Kollektiva zu *gov-* 'Rind'); schlechter konnte somit das Beispiel nicht gewählt werden, das nur Mangel an jeglicher Einsicht in die Prozeduren der Stammbildung verrät.

Nirgends jedoch rächt sich mangelnde historische Kritik und Methode so wie bei der Etymologie. Die meisten der in den letzten Dezennien aufgestellten Etymologien sind verfehlt; alle die beliebten Vergleichungen mit Germanisch, Indisch usw. sind verlorene Mühe gewesen. Nachdem die Hauptmasse der idg. Gleichungen sichergestellt ist, kann nur das Studium des Slavischen selbst (eventuell mit Zuziehung des Litauischen) die weitere Forschung fördern. Statt dessen geht man an den evidentesten Zusammenhängen achtlos vorbei und verliert sich dafür in ganz unnützen Wurzelkombinationen. So tritt im slav. *zd* und *zg* für und neben *d* und *g* häufig auf und es fällt nicht weiter auf, ein *jazda* 'Ritt' neben *jadǫ* 'reiten'; der Sprachvergleicher bringt das Unmögliche fertig, beide Worte ganz von einander zu trennen. Daß für slav. *črěvo* (aus *kervo*) 'Unterleib', pr. *kermens* 'Leib' die selbstverständliche Entsprechung ist (*rv* gegenüber *rm* wie in *pьrvъ* 'erster' und *čьrmъ* 'Wurm', lit. *pirmas*, *kirmis* und sonst), wurde im Etymolog. Wörterbuch, wo eine ganze Seite mit den unmöglichsten Etymologieen ausgefüllt wird, nicht einmal angedeutet. Noch immer spukt der Vergleich von kirchenslav. *selo* 'Dorf' mit *solum* herum, der aus dem Grunde ganz unmöglich ist, weil *selo* nur für *sedlo* der

Westslaven (böhm., poln.; poln. *siolo* ist nicht polnisch, sondern russisch; polnisch ist nur *siodło*) steht. Wir lesen: "nach *j* ist *y* in *i* übergegangen : *kъńiga* 'Buch' wahrscheinlich aus **kuńūga*, vgl. assyr. *kunukku*", aber neben *kъniga* kommt *kъnęga* dass. vor (poln. *księga*, über diesen Vokalwechsel beim Suffix haben wir eben gesprochen) und dies allein erweist den slavischen Ursprung des Wortes. Poln. *kiep* vulva wird mit ai. *kūpas* 'Grube, Höhle', griech. κύπελλον usw. verglichen, aber die ältere Form des Wortes ist *rozkiep* = russ. *roskep* 'Spalte' und es gehört zu *cěpiti* 'spalten'. Und so entscheidet in Hunderten und Hunderten von Fällen der nächste slavische Zusammenhang, nicht die entfernteste Wurzelverwandtschaft, über den Ursprung des Wortes.

Man sieht nun, worauf es ankommt; fürs Slavische muß zunächst die isolierte, einzelsprachliche, d. h. slavische Forschung einsetzen, soll ein Fortschritt ermöglicht werden. Nun sind freilich dieser Forschung Grenzen gesteckt, kann sie doch z. B. mit den meisten Endungen, als mit vorslavischen, nichts anfangen, ist hier also auf Vergleichung angewiesen. Aber hier sind gerade die einfachsten Fragen noch gar nicht endgültig erledigt, geht z. B. ein *-ъ* auch auf ein *-os* oder nur auf *-on* (*om*) zurück? Was steckt hinter dem *-ě*, *-u*, *-y* (Instr. Plur.)? usw. Manche dieser Fragen wären wohl aus der Vergleichung des Litauischen zu lösen, aber hier erhebt sich wieder die prinzipielle Frage, ist denn Slavisch mit Litauisch enger, näher verwandt?, hat es, etwa im Sinne der Stammbaumtheorie, eine lituslavische Periode gegeben, wo die Vorfahren der später getrennten Stämme eine dauerndere, einheitliche Entwicklung durchgemacht hätten? Die ältere Sprachforschung war damit rasch zur Hand, sie kannte alle möglichen Perioden, auch eine slavogermanische (Leskiens 'Deklination' wies deren Haltlosigkeit nach); heute verhält man sich dagegen skeptisch; man spricht nur von einer parallelen, nicht von einer gemeinsamen Entwicklung, und findet sie bei geographisch nahen Völkern auch ohne genetischen Zusammenhang erklärlich, aber Slaven waren auch Nachbarn der Deutschen und doch gibt es (außer dem *m* der Kasussuffixe und ein paar dunklen Wörtern wie 'Tausend' u. a.) keine slavodeutsche Parallelen. Der lituslavische Sprachtypus dagegen ist keine haltlose Erfindung, wie der slavodeutsche oder gräkoitalische; er ist wohl begründet, angefangen von der übereinstimmenden Intonation der Silben bis zu der unleugbaren, fast möchte man sagen, Identität des alten Wortschatzes; denn sogar in denjenigen Wörtern, die der Lituslave mit dem Griechen usw. gemein hat, steht auf lituslavischer Seite völlige Identität einer vagen Verwandtschaft gegenüber, man vgl. *krъvьnъ* 'blutig' mit lit. *kruvinas*, *jezero* 'See' mit *eżeras* dass. (im Preuß. ebenfalls Neutrum — wie weit ist Ἀχέρων usw. entfernt), *želězo* 'Eisen' mit *geležis* dass. (wie weit entfernt sich χαλκός auch in der Bedeutung), *četvьrtъ* = *ketwirtas*, *pьrstъ* = *pirsztas* (in den verwandten Sprachen abweichend in der Bedeutung) usw.; man vergleiche nur z. B. Baumnamen (Linde, Weide usw.), die Namen der Körperteile (Kopf, Hand usw.), um zu erkennen, daß die lituslavische Periode sich wohl mit der ostarischen (indoeranischen) vergleichen läßt. Oder die Flexion der Personalpronomina — wie ähnlich hier und dort u. a.

Daraus ergibt sich nun, nicht nur für den Etymologen, die Verpflichtung, die slavischen Worte zunächst im Litauischen wieder zu suchen, praktisch ausgedrückt, einem *črěvo* (s. o.) preuß. *kermens* vor *corpus* usw. zu gesellen. Nur die Rücksicht auf *akmů* kann verleiten, *kamy* nicht auf **kamons*, sondern auf **kamōn* zurückzuführen. Dieselbe Rücksicht auf das Litauische hilft uns auch über Schwierigkeiten weg, die vorläufig nicht zu lösen sind: Instr. Plur. *raby* gegenüber dem lit. *ponais*, Dat. Sing. *rabu* gegenüber *ponui*, Nom. Plur. *rabi* gegenüber *ponai*, *raběˇ* gegenüber *namiė* — nichts leichter, als diese Fälle von einander zu trennen, *raběˇ* zu einem Gen. Dat. λύκῳ zu stellen u. dgl., in *ponai* eine Neutralform zu erkennen usw., aber ob dies gar überzeugend ist? Auch das Durcheinandermengen der Kasus, daß slav. Dat. Sing. *rabu* der lit. Instr. *ponu* oder ein Lok. ist u. dgl., fördert uns nicht weiter; die klaren Kasusformen (Gen. Sing. der *o*-Stämme u. a.) zeigen eine so starke Übereinstimmung, daß man sie nicht leicht auch für die noch unklaren aufgeben dürfte. Und dasselbe Moment entscheidet in anderen Fällen, eine kirchenslavische Partikel *cěˇ* stellt man natürlich unbedingt zu lit. *kai(p)*; ein griech. καί kann dagegen gar nicht aufkommen.

Man pflegt in der Regel etwa acht bis neun Merkmale in der Laut- und ebensoviele in der Formen- und Stammbildungslehre (Brugmann, Mikkola) aufzuzählen, die für die lituslavische Einheit sprechen, deren Wert von andern, z. B. Meillet, stark angezweifelt wird. Doch ergibt dies alles noch kein richtiges Bild der faktischen Verhältnisse; seit der einstigen Trennung sind an drei Jahrtausende verflossen, Zeit genug, daß sich Laute und Formen unähnlicher würden. Man nehme etwas Konstanteres, z. B. die Stammbildung; man vergleiche daraufhin Miklosich II und Leskien Die Bildung der Nomina im Litauischen 1891: die Übereinstimmung erstreckt sich bis in die geringsten Einzelheiten von Suffixform und Funktion, z. B. bei den Suffixen *ikis*, *aitis*, *yna* und *ièna*, = *ьcъ*, *itj-*, *ina*, wobei allerdings vorkommen kann, daß die Suffixe ungleich verteilt sind, durchgängiges lit. *-tojis* neben seltenstem slav. *-taj* oder lautliche Veränderungen die Übereinstimmung zu stören scheinen (lit. *-klàs* = slav. *-dlo* bei Werkzeugsnamen). Aus dieser theoretischen Übereinstimmung ergeben sich nun praktische Folgerungen. So wird behauptet, slav. *děvica* 'Jungfrau', *vlъčica* 'Wölfin' hätte das Suffix *-ca* an den alten Nom. **vlъči*, **děvi* = aid. *vrkīh*, *devīh* antreten lassen, wie in *kamykъ -kъ* an den alten Nom. *kamy* angetreten ist, und man gewinnt so eine interessante Form der F. *ī-* oder *iā*-Stämme; andere sind noch weiter gegangen und haben sogar in Bildungen wie *svidětelьnica* 'Zeugin' einen uralten Nom. F. *svidětelьni* + *ka* erkannt. Uns genügt, angesichts des Umstandes, daß dem Litauischen derlei Bildungen fehlen, daß slav. *ica* einfach als Gegenstück von M. *-ikъ* (z. B. *grěšьnikъ* — *grěšьnica* usw.) überall zur Femininbildung verwendet werden konnte, also auch in *vlъčica*, das uns nur auf einer Stufe steht mit *vlъčina* = lit. *vilkiėna*; die Übereinstimmung preuß. *ƚaukiniks* = lit. *ƚaukininkas* (wie auch dessen *-nk-* aufgefaßt werden mag) = slav. *ƚočьnikъ* und weiter M. *ƚaukininkas* und F. *ƚaukininkė* = slav. *ločьnikъ* und *ločьnica* ist das Entscheidende, wogegen das Beispiel *kamykъ* gar nicht aufkommen kann, denn *kamy* ist eine wohlüberlieferte Form (noch im Polabischen sogar), wo ist dagegen **děvi* oder *vlъči* vorhanden? Wir verzichten daher sicherer auf die interessante Form und finden im Litauischen den verläßlicheren Wegweiser — nicht nur in diesem Fall. Eine ständige Kontrolle des Slavischen durch das Litauische und umgekehrt ist eine der ersten Forderungen, die wir an die slavische Sprachwissenschaft stellen. An diese Forderung schließt sich eine andere.

Der speziell slavische Lautwandel hängt so lange in der Luft, als nicht für die einzelnen Vorgänge eine chronologische Folge aufgestellt ist; dies zu erreichen, sollte die nächste Aufgabe der Sprachwissenschaft sein. Anhaltspunkte sind ja im einzelnen gegeben. So wissen wir, daß die sog. Liquidametathese erst im zehnten Jahrhundert ihren Abschluß erreichte, Lehnworte wie *kral* usw. aus Karl d. Großen, *mroka* aus *marka* beweisen dies zur Genüge; daher ist der Ansatz von Torbiörnsson (Chronologisches zu den konsonantischen Lautgesetzen des Gemeinslavischen) unmöglich, der den Zusammenfall des *s* aus *k̂* mit ursprünglichem *s*, den Einschub des *t* zwischen *s* und *r* erst nach der Liquidametathese ansetzte. Deutsche Lehnwörter, d. h. gotische, beweisen wiederum, daß sie noch in die letzte Periode der jüngeren Palatalisierung hineinfielen, vgl. *cęta* aus *kintus*, die zahlreichen Worte auf *-ędzь* aus *-ing-* u. a., die somit diese Palatalisierung bis ins 2.—3. Jahrhundert hineinreichen lassen, *cirky* (dessen jüngere Vertretungen grundfalsch aufgefaßt werden) wäre noch ein Spätling des 5.—6. Jahrhunderts. Hinter dieser ältesten germanischen Schicht lag nun die erste Palatalisierung längst völlig abgeschlossen vor und gegen diese Chronologie dürfen nicht *čędo*, *šlěmъ*, *mъčь* angeführt werden; *čędo* hat mit deutsch *kind* ebensoviel gemein, wie *mlěko* mit *miluks* d. h. nichts, der Zufall nur hat den Gleichklang geschaffen (freilich hat *čędo* auch nichts mit *čę-ti* 'empfangen' zu tun); *šlěmъ* beweist wegen des *š* neben *ch* auch nichts; bei *mečь* sind die Verhältnisse nicht völlig geklärt. Beide Palatalisierungen sind wiederum durch Jahrhunderte von einander geschieden; in diese Zwischenperiode fällt die Monophthongisierung der Diphthonge (*oi* zu *ě*). Daher können wir folgende Formulierung unmöglich gelten lassen: "Nach *j* ist der aus idg. *a*, *o* entstandene Vokallaut und zwar, wie es scheint, zu der Zeit, wo das jetzige slav. *o* noch ein *a*-ähnlicher Laut war[1]) zu *e* geworden, *liće* 'Gesicht' aus **likjos*, wogegen Gen. Sing. *ličese* aus *likjeses* . . . Dieser Übergang (*jo* zu *je* offenbar) ist später

1) "Der alte an *a* erinnernde Laut hat sich in einigen mittelrussischen Dialekten in unbetonter Stellung erhalten" S. 98, was natürlich nicht zugegeben werden kann. Da slav. *a* durch *j* sonst nicht alteriert wird (das spricht auch gegen die beliebte Erklärung des Akk. Plur. *konje*, des Akk. Nom. Plur. und Gen. Sing. *duše* statt *konję*, *dušę*, bei Westslaven und Russen, aus ursprünglichem *-iās*, das beim F. berechtigt, aufs M. übertragen wäre, angeblich eine uralte, dem Altkirchenslavischen unbekannte Form, vgl. darüber oben), so ist nicht einzusehen, was durch jene Annahme gewonnen wurde; *a* und *o* waren längst zusammengefallen, als *jo* zu *je* wurde, vgl. *duše* Vok. Sing. u. a.

geschehen als der Übergang von *kj* in *ć* bezw. *č*, weil die verschiedenartige Behandlung von *kj* von der Qualität des folgenden Vokals abhängig ist" (Urgrammatik 49). Aber das vereinzelte *ličese* würde eher zu einem N. Sing. **liko* gehören; *lice* ist eine jüngere *jo*-Bildung, daher die jüngere Palatalisierung, die wie die ältere nie von der Quantität des folgenden Vokals abhängt. Wohl ist aber anzuerkennen, daß der Umlaut des *jo* zu *je* einer der dauerndsten slavischen Lautneigungen entspricht, er tritt noch im zehnten Jahrhundert lebhaft auf (vgl. *Jerdan*, *jeta* aus *Jordan*, *jota*) und reicht noch in vorchristliche Zeiten zurück.

Zum ältesten Lautwandel gehört die Verhauchung des hauptsächlich intervokalischen, ausnahmsweise anlautenden *s* zu *ch*, die z. B. der älteren Palatalisierung lange vorauseilte; ist ihr nun der Zusammenfall der beiden *s* des Slavischen (aus idg. *s* und *k̑*) vorausgegangen, d. h. wird auch *s* aus *k̑* verhaucht? Bekanntlich werden dafür einige Fälle genannt, die jedoch bestritten werden. Auch hier kommen Unregelmäßigkeiten vor, bei *vьsь*, *vьsъ*, die ja nicht durch die Annahme einer alten Flexion **vьchъ*, *vьsi*, *vьsěmъ*, beseitigt werden können, da eine solche Flexion, gestützt durch so viele ähnliche, sich unfehlbar gehalten hätte (vgl. die Flexion von *takъ* u. a.). Fällt die Entstehung der Nasalvokale in die Zeit nach dem Zusammenfall von *a*, *o* in *o*, von *ā*, *ō* in *ā*? Ist dieser Zusammenfall selbst ein gleichzeitiger gewesen?

Wie behutsam bei diesen Feststellungen vorzugehen ist, zeige folgender Fall. Aus *oi* (= *āi*, *ai*, *ōi*, *oi* : für das Slavische bleibt dies gleichgültig) entstandenes *ě* erscheint nach *j* als *i*, *rǫcě*, aber *staji* : nichts scheint einfacher als die Annahme, **stajoi* wäre wegen der Wirkung des *j* auf folgendes *o* zu **stajei* geworden, das notwendigerweise *staji* ergibt, mit andern Worten, der Umlaut *jo* zu *je* sei älter als die Monophthongisierung der Diphthonge, für deren Jugend man sich auch auf die Behandlung der Diphthonge in Lehnworten (*kupiti* = *kaupōn*, *cěsarь* = *Kaisar* u. ä.) berufen könnte; aber es ist wohl denkbar, daß das schon monophthongisierte *oi* einen Laut ergab, der nach *j* zu *i* führte; jener Schluß ist somit durchaus nicht zwingend. Umgekehrt ist die Erwartung, daß ein *dostojnъ* (aus *dostojьnъ*) ein *dostěnъ* ergeben mußte, unberechtigt, denn auch die Monophthongisierung ist nur von beschränkter Zeitdauer gewesen, hat später entstandenes *oj*, *aj* nicht mehr ergriffen.

Wenn man weiter erwägt, daß im Slavischen die Verhältnisse im An- und Inlaut, im In- und Auslaut durchaus auseinandergehen, so erkennt man bald, auf wie schwankendem Boden man sich bewegt. Ist das *t* von *-ont* (3. Plur. des starken Aor.) schon auf lituslavischem Boden abgefallen, hat es somit keine Wirkung auf die von der sonstigen abweichende Behandlung des *-on* geübt oder doch? Woher der Gegensatz in der Behandlung desselben Nasalvokals nach *j* zwischen *dětaję* und *dětajǫšta*, *dětajǫtъ* — ist dieses *ǫ* 'lautgesetzlich' oder 'analogisch', nach *idǫšta*, *idǫtъ*?

Kein Wunder, daß man längst die Notwendigkeit einer chronologischen Fixierung der Lautnormen erkannt hat, nur hat man sich bisher mit Einzelansätzen begnügt; am weitesten gingen darin Kulbakin in seiner Grammatik und Liapunov in der Anzeige davon AfslPh. 33; aber auch sie erfaßten nicht das ganze Problem. Wann sind z. B. die beiden *ě* in einem Laute zusammengefallen? offenbar erst nach der zweiten Palatalisierung, die ein von *ē* getrenntes *ě* voraussetzt, während alle Slavinen, auch Altkirchenslavisch, auf jenem Zusammenfall fußen, er somit vor die Zeit der endgültigen Trennung der Spracheinheit gehört (die Versuche, Schwierigkeiten in der Behandlung des *ě*, z. B. im Polnischen, durch den Hinweis auf dessen einstigen doppelten Ursprung, also doppelte Behandlung, zu beseitigen, sind prinzipiell abzulehnen). Hinwiederum wird uns die altkirchenslavische Orthographie, die die beiden Halbvokale auseinanderhält, sowie das Verhältnis im Ostslavischen (Scheidung der beiden durch ein *o* und *e*) davon abhalten, einen Zusammenfluß beider Halbvokale in einen Vokal (nur mit palatalisierender Wirkung auf den vorhergehenden Konsonanten oder ohne solche) schon für den Ausgang der urslavischen Epoche anzusetzen, was ebenfalls behauptet wurde. Die Chronologie der Lautvorgänge muß im Einzelnen sichergestellt werden, wenn der Willkür in deren Deutung vorgebeugt werden soll.

Die Willkür der Sprache selbst ist dagegen nicht zu bannen, allerdings auf das geringste Maß zu beschränken. Vergebens wären die Versuche, Unerklärtes durch Annahme von Entlehnungen beseitigen zu wollen, z. B. weil *sъto* '100' sich mit *szimtas*, *centum* im Vokal nicht deckt, darin eine iranische Entlehnung zu sehen (wobei derjenige, der von einer solchen Entlehnung spricht, keinen Anstand nimmt, in russ. *devjanosto* '90' das entlehnte *sto* noch in seiner Grundbedeutung = 10 zu erklären, während die eine Annahme die andere gänzlich ausschließt). Der Einfall, die Worte des Slavischen als einer Satemsprache, die ein *k*, *g*, für zu erwartendes *s*, *z*, bieten (*gǫsь* 'Gans', *svekrъ* u. dgl.), als aus einer Centumsprache entlehnt hinzustellen, verdient ebensowenig ernst genommen zu werden, wie der andere, diese Nichtübereinstimmung einer Art Dissimilation (vor *s*, *z*) in die Schuhe zu schieben (*gǫsь* statt des zu erwartenden **zǫsь* u. dgl.). Ganz abgesehen davon, daß sich im Slavischen entgegengesetzte Lautneigungen kreuzen können, z. B. Kürzung von Langdiphthongen und Dehnung von Kurzdiphthongen (im Auslaut ist *y* usw. aus *-ons* usw. nicht anders zu erklären), bleiben offenkundige Zufälligkeiten oder Widersprüche bestehen, z. B. bei der Beseitigung konsonantischen Silbenschlusses, der durch Ausfall des Konsonanten wie in *luna*, *gynǫti* (bereits altkirchenslavisch falsch, d. h. neuhergestellt, *gybnǫti*), *panǫti* usw., oder Umstellung, *kamy* aus **akmy* für **okmy* = lit. *akmũ*, *molda* zu *mo-dla*, *čolvěkъ* zu *čto-věkъ* usw. beseitigt oder beibehalten wird wie in *okno* u. a. Oder wenn im Russischen neben *brjačat'* 'klirren', *brenčat'* dass. vorkommt, so ist hier der Nasalvokal nicht etwa "durch Lautberichtigung wieder eingeführt", sondern er ist aus diesem Schallworte gegen die sonstige Norm nicht verschwunden. Eine absolute Uniformierung der Sprache ist daher beim Slavischen ebensowenig wie in einer andern Sprache durchführbar; die 'Ausnahmen', die 'Unregelmäßigkeiten', der sporadische Lautwandel gehören eben zum eisernen Inventar einer jeden Sprache.

Was erwartet die Sprachwissenschaft vom Slavischen? Das Slavische bleibt der nur empfangende, nicht der gebende Teil, bis auf zwei große Gebiete. Das weite des Akzentes und der Intonation hat gerade vom Slavischen und Litauischen die eigentliche Anregung erfahren, nur hier waren die Vorgänge in der Gegenwart selbst, praktisch und experimentell zu erforschen, mögen noch so vielfältige Verschiebungen im Laufe der Jahrtausende stattgefunden haben; der slavische Akzent ist ja noch ungebundener als der altgriechische, dem bereits die bekannten Beschränkungen auferlegt sind. Und das andere umfassende Gebiet sind die Aktionstypen des Verbums, in deren Eigenart wir nie recht eingedrungen wären, wenn uns nicht das lebende Slavisch (noch besser als das tote der Kirchensprache) damit vertraut gemacht, den eigentlichen Sinn davon erst erschlossen hätte. Auch die Betrachtung slavischer Syntax bietet viel Interessantes und Anregendes, obwohl charakteristische Züge im Kasusgebrauch, z. B. der Instrumental des Prädikates, manches im Genetivgebrauch (der Genetiv statt des Akkusativ ist in den letzten Jahren durch Meillet, Berneker, Thomson u. a. einer eingehenden Diskussion unterworfen worden) ganz erst auf slavischem Boden entstanden ist. Dagegen gehen manche Gebiete, z. B. das der Komposition, wenn wir von den im Slavischen beliebten sog. Imperativkomposita absehen, leer aus.

Unumgängliche Bedingung für einen Fortschritt der slavischen Sprachwissenschaft bleibt vorläufig die philologische Arbeit, die das Material zu sichten hat, die die ständige Fehlerquelle moderner sprachwissenschaftlicher Forschung, die Unvertrautheit mit dem Material, verstopfen soll. Was soll man z. B. von dem Versuche sagen, der böhm. poln. *szady*, *szary* 'grau' gegenüber altkirchenslv. *sědъ*, *sěrъ* dass. auf uralte Unterschiede (wegen des zugrunde liegenden *ḱ*) zurückbeziehen will und nicht achtet, daß ja im poln. *siara* 'Schwefel' das 'normale' Verhalten ohne weiteres beachtet, somit *szary* nur mit dem bekannten westslavischen Wandel des *ś* zu *sz* zu vereinigen ist. Und solches Außerachtlassen der einfachsten Tatsachen ist etwas Ständiges : erst von der Vertiefung der Einzelforschung, die derartiges unmöglich macht oder es doch äußerst einschränkt, ist ein dauernder Fortschritt des Gesamtwissens zu erwarten.

B. Das Litauische und seine Verwandten.

Unter allen lebenden indogermanischen Schriftsprachen ist die hochlitauische die altertümlichste und bestkonservierte, trotz ihrer Einbuße an Lauten und Formen das getreueste Abbild der Ursprache geblieben; ungeachtet dieses ihres allgemein anerkannten Charakters ist sie die am wenigsten erforschte, wenn wir von Albanisch oder Armenisch absehen. Die Ursache dieser mangelhaften Beschäftigung mit dem Litauischen, trotzdem es zwischen Deutschen und Slaven eingekeilt ist, liegt an der geringen Zahl des Volkes, dem eine eigene Kultur völlig fehlt, dessen Literatur erst 1545 beginnt und erst in der neuesten Zeit über die einfachsten aszetischen und populären Proben herausgekommen ist; infolge dieser mangelhaften Beschäftigung sind noch manche Vorfragen gar nicht gelöst.

Schon der Name selbst, den man für den ganzen Sprachzweig wählte — man nennt ihn den baltischen — war willkürlich ausgesucht, denn am Balticum haben, an Germanen, Finnen, Slaven gemessen, die Litauer (außer den längst ausgestorbenen Preußen) nie Anteil gehabt und schon daran dürfte die beliebte moderne Zusammenstellung des Landnamens *Lietuwa* (Litauen) mit lat. *litus*, urkelt. *litaviâ* 'Uferland, Küste', ohne weiteres scheitern. Statt 'baltisch' oder gar 'aistisch' empfiehlt sich daher, da auch der Name der Letten irgendwie mit dem der Litauer zusammenzuhängen scheint, und wegen der führenden Stellung des Litauischen der Name 'litauisch' im weiteren Sinne des Wortes auch für die ganze Gruppe.

Noch immer ungelöst ist die Frage nach der näheren Verwandtschaft dieses 'Litauisch'. Bekanntlich sind die einst so beliebten Annahmen einer gräkoitalischen, slavodeutschen, europäischen usw. 'Grundsprache' alle aufgegeben; auch die Einteilung in Centum- und Satemsprachen besagt nichts über eine engere Verwandtschaft innerhalb dieser beiden Gruppen; nur die indoiranische gemeinsame Abzweigung von der Ursprache blieb über alle Zweifel erhaben. An die indoiranische reiht sich nun eine lituslavische Abzweigung ebenbürtig an, trotzdem gerade in der neuesten Zeit, von Meillet u. a., diese Gemeinschaft ausdrücklich bestritten wird; Meillet gibt höchstens eine parallele, nicht eine gemeinsame Entwicklung der beiden Sprachzweige zu. Hier liegt eine Frage von prinzipieller Bedeutung vor. Hat man sich doch nicht gescheut, wegen des nicht abzuleugnenden Auseinandergehens von Slavisch und Litauisch im Einzelnen wohl eine gemeinsame, besondere Urentwicklung anzunehmen, die aber im 3. und 2. Jahrtausend v. Chr. (durch räumliche Trennung der Vorfahren von Slaven und Litauern) unterbrochen, erst später bei einem nochmaligen Zusammenleben beider Urvölker wieder aufgenommen worden sei. Früher nahm man die lituslavische Spracheinheit als etwas Selbstverständliches hin und Aug. Fick gab sogar den 'lettoslavischen' Wortschatz, in dem er allerdings meist nur seine sonstigen Gleichungen wiederholte, sodaß man aus diesen seinen Zusammenstellungen eher nur Argumente gegen jede 'lettoslavische' Einheit hätte schöpfen können. Meillet u. a. vermissen vor allem entscheidende, gemeinsame Neubildungen, denn gleiche Verluste (z. B. aller aspirierten Laute), bewiesen höchstens eine parallele, nicht eine gemeinsame Entwicklung. Sie vergessen dabei, daß die indoiranische Gemeinsamkeit ohne die alten Zeugnisse, nur aus den modernen Sprachen heraus, kaum zu erweisen gewesen wäre; im Slavischen sind nun die ältesten Texte um volle zwei Jahrtausende jünger als die vedischen und die litauischen heben um noch sieben Jahrhunderte später an. Vor allem lassen sie dabei das Zeugnis des Lexikons unbeachtet; hier ergibt sich eine Identität, wie sie sonst nur auf indoiranischem Boden anzutreffen ist, denn bei den lituslavischen Entsprechungen handelt es sich nicht um bloße Wurzelverwandtschaft, mit der wir uns sonst so oft begnügen müssen, sondern es stimmen die Worte oft in Genus, Lautstufe, Akzent aufs genaueste überein. Wie weit entfernt sich χαλκός oder Ἀχέρων von der Übereinstimmung slav. *želězo* 'Eisen', *jezero* 'See' = lit. *geležis*, *eżeras* (*eżeran*, preuß., Ntr.) und *kruvinas* 'blutig' steht dem slav. *krъvьnъ* dass. doch erheblich näher als dem lat. *cruentus*; gerade in Wörtern, zu denen sonst jede Parallele fehlt, stimmen beide Sprachen ganz überein, z. B. *lipa*

'Linde' = lit. *liépa* usw.; Gleichungen wie *bégti* 'laufen' = slav. *běgti* dass. sind zu Hunderten vorhanden. Und dies sind nicht zufällige, gleichgültige Zusammenstellungen; sie ergeben bindende Schlüsse für die Fauna und Flora des Urgebietes, für die Kultur dieses Urvolkes, man vgl. aus der Bienenzucht Gleichungen wie *aulys* = slav. *ul* 'Bienenkorb'; *korys* 'Wabe' = poln. *skarzyk* dass. u. a. oder die Identität der Baumnamen wie slav. *berza* 'Birke' = preuß. *berze*, lit. *beržas*; *vьrba* und *vitva* 'Weide' = lit. *verba* und preuß. *witwan*; *lipa* 'Linde' = lit. *liėpa*; *jiva* 'Eibe' = *jeva*; *jedla* 'Fichte' = preuß. *adle*, lit. *egle*; *jelьcha* 'Erle' = *elksnis*; *osa* 'Espe' = preuß. *apse*; *jasenъ* 'Esche' = *ůsis*; *kruša* 'Birnbaum' = *kriaušė*; *jabłonь* 'Apfelbaum' = preuß. *wobalne*, lit. *obelis*; *orěchъ* 'Nuß' = preuß. *reysis*, lit. *reszutas*; *lěska* 'Hasel' = *lazda*; *żełądь* 'Eichel' = *gilend-ra* (neben *gile*) dass.; *čermъcha* 'Faulbaum' = *szermukszlė* (*čermъša* 'Bärenlauch' = *kermuše*); *vęzъ* 'Ulme' = *vinkszna*; *versъ* 'Heidekraut' = *viržis* (vgl. den gleichen Unterschied im Konsonanten bei *ovьsъ* 'Hafer' = *avižas*); *višь* 'Sumpfgras' = *viksva* 'Riedgras'; *žito* 'Roggen' = preuß. *geyts* 'Brot'; *pyro* 'Quecke' = *pūrai*; *zьrno* 'Korn' = *žirnis* 'Erbse'; *zelo* 'Kraut' = *žole*; *listъ* 'Blatt' = *laiszkas* usw. Gewiß wiederholt sich vieles oder manches davon in den weiter verwandten Sprachen, aber wie weit entfernt sich ein *avena*, *granum* usw. von diesen minutiösen Übereinstimmungen (nach Bildung wie Bedeutung): weiter vgl. *rъžь* 'Roggen' = *rugys*; *květъ* 'Blume' = *kviėtys* 'Weizen' (vgl. zur Spezialisierung der Bedeutung *žirnis* = Erbse!); *valtis* 'Ähre' = slav. *voltъ* dass. usw. Und nicht anders verhält es sich mit den Tiernamen usw.; hier sei nur noch auf einige Namen der Körperteile verwiesen: *ręka* 'Hand' = *ranka*; den alten Fußnamen haben beide gleichmäßig durch den für 'Klaue' ersetzt, *noga* = preuß. *nage*, vgl. *nogъtь* 'Nagel' = preuß. lit. *nagutis* (wie weit entfernt von *nagal*, *unguis*, ὄνυξ usw.); *golva* 'Kopf' = *galwa*; *strьženь* 'Mark' = preuß. *strigeno* 'Gehirn'; *vidъ* 'Gesicht' = *veidas*; *vědja* 'Lid' = *viždys* dass.; *věka* 'Lid' = *vokas* dass.; *usta* 'Mund' = preuß. *austo*; poln. *warga* 'Lippe' = preuß. *warsus*; *gъrdlo* 'Kehle' = *gurklys*; *borda* 'Bart' = *barzda*; *łyda* 'Wade' = *błauzda* dass.; *pьrstъ* 'Finger' = *pirsztas*; *płušta* 'Lunge' = *plauczei*; *istesa* 'Nieren' = *inkstas* dass.; *žila* 'Ader' = *gysla*; *čerpъ* 'Schädel' = preuß. *kerpetis* dass.; *vęzъ* 'Genick' = preuß. *winzus* 'Hals'; *olkъtь* 'Ellenbogen' = *olektis*; *armę*

'Arm' = preuß. *irmo*; *pęta* 'Ferse' = *pentis* 'Hacke'; *chręslъka* 'Knorpel' = *krumslys* 'Knöchel' und *kremsle* 'Knorpel'; *sьrdь* 'Herz' = *szirdis*; *lanita* 'Wange' = preuß. *laignan*; *červo* 'Leib' = preuß. *kermens* 'Körper' (*rv* und *rm* wechseln öfters); *język* 'Zunge' = preuß. *inzuwis* usw., um von den Namen für Nase, Auge, Ohr, Brauen, Nüstern usw. abzusehen.

Aus dieser Übereinstimmung ergeben sich nun Folgerungen für die Behandlung des beiderseitigen Wortschatzes, die man bisher stets zu übersehen pflegte: erstens ist bei jedem slavischen Worte (und umgekehrt) zuerst zu fragen, was entspricht ihm im Litauischen (in Bernekers Etymologischem Wörterbuch wird dagegen das Litauische statt an den Anfang ans Ende gerückt); zweitens, bei mehreren 'etymologischen' Möglichkeiten entscheide man sich für die Gleichung, in der das Litauische vertreten ist; drittens, die slavischen 'Wurzeln' sind immer auch im Litauischen (und umgekehrt) vertreten, es wird also zu slav. *berą* 'nehmen' (aus altem 'tragen') lit. *berti* 'streuen' ohne weiters gehören müssen. Man wende dagegen nicht ein, daß doch auch im beiderseitigen Lexikon starke Differenzen anzutreffen sind, daß die Sprachen auseinandergehen in den einfachsten Benennungen, für Gott, Mann, Pferd, Bär, Hund, Baum, Milch, Fisch, Brot usw.; geht ja doch z. B. der Sprachschatz des Litauischen und Lettischen in den einfachsten Benennungen vielfach stark auseinander. Für die wissenschaftliche Praxis ergibt sich daraus die Forderung, statt z. B. slav. *bьrzъ* 'rasch' mit *brevis* oder mit *fortis* oder mit *festinare* oder mit ai. *bṛhán* usw. zu vereinigen, nach der litauischen Parallele (*burzdus* 'geschäftig') zuerst zu forschen und so in jedem einzelnen Falle; bei Fick fehlt zum mindesten die Hälfte des 'lettoslavischen' Wortschatzes und gerade das Interessanteste; erst nach dem Ausfüllen dieser Lücke, nach dem Schaffen eines wirklichen 'lituslavischen' Wortschatzes kann mit Aussicht auf Erfolg die weitere Vergleichung betrieben werden. Diese frappante, obwohl bisher viel zu wenig gewürdigte lexikalische Übereinstimmung ist aber nur durch gemeinsame uralte, ungestörte Entwicklung hinlänglich zu erklären. Trotz gegenteiliger Behauptungen stehen dann alle slavischen Sprachen allen litauischen gleich entfernt gegenüber; es gibt keine besonderen, näheren Berührungspunkte z. B. zwischen Preußisch und Polnisch, außerhalb der Lehnwörter natürlich.

Aber auch die dialektischen Verwandtschaftsverhältnisse innerhalb der litauischen Sprachgruppe selbst waren mehrfach nicht endgültig aufgeklärt. Man sprach z. B. von einer näheren Beziehung zwischen Preußisch und Lettisch — ob man sich dabei nicht durch den bloßen beiderseitigen Zetazismus (Eintreten des *s*, *z* für *sz*, *ż*, das jedoch sich ebenso im slavischen Westen fortsetzt, jenseits der Weichsel) leiten ließ? Man könnte sich dafür allerdings auf ein altes Zeugnis berufen: der Pole Marcin Bielski in seiner Weltchronik 1548 berichtet: "die heutigen Preußen sind Ankömmlinge aus Deutschland; denn noch gibt es der alten Preußen einige Zehner Dörfer hinter Königsberg gegen Litauen, deren Sprache niemand versteht, außer sie sich selbst; ich habe ihre Sprache öfters vernommen, da ich in Danzig war, sie ist sehr ähnlich der litauischen, jener Litauer, die man Kuren nennt; diese Kuren (d. i. Letten) sind somit éin Volk mit den alten Preußen". Trotzdem gehören Litauisch und Lettisch enger zusammen, sondern sich vom Preußischen.

Die praktische wie die wissenschaftliche Spracharbeit wurde erschwert durch die Teilung des Volkes. Der heutige preußische, protestantische, intelligentere, dafür ganz geringe Bruchteil des Volkes hat mit den katholischen Massen jenseits der Grenze keinerlei Berührung; beide standen sich bis vor kurzem ganz fremd, verständnislos gegenüber und ähnliches wiederholt sich auf lettischem Boden, wo die katholischen Letten des einstigen polnischen Livland (heute Gouvernement Witebsk u. a.) von der Masse der protestantischen, vorgeschrittenen Letten nach Schrift und Sprache sich erheblicher entfernen; daher ging die literarische und grammatische Arbeit hüben und drüben ihre eigene Wege. Die Zugehörigkeit des Litauischen zu den europäischen Sprachen ist allerdings sehr früh erkannt worden; den ersten Litauern, die von und durch Polen ihre Bildung erlangten, mußte z. B. auffallen die Übereinstimmung oder Ähnlichkeit eines lit. *vyras*, *pekus*, *dantis*, *naktis* usw. mit *vir*, *pecus*, *dentes*, *noctes* usw., sie konnten ganze Sätze bilden, die wie lateinisch klangen, was den Slaven schon wegen ihrer Auslautsverhältnisse, die das *s* beseitigten, unmöglich war; kein Wunder daher, daß schon im fünfzehnten Jahrhundert das Märchen auftauchte und sich lange beharrlich erhielt, die Lituani wären nur L'Italiani d. i. einer römischen Kolonie entsprossen, römischen Flüchtlingen vor der Tyrannei eines Nero u. dgl.; Etymologien topographischer Namen, in der skrupellosen Weise jener Zeit, mußten diese müßige Erfindung nationaler Eitelkeit stützen und so entstand eine 'Urgeschichte' Litauens aus lateinischen Elementen. Die Geschichtschreibung des achtzehnten Jahrhunderts räumte damit sofort auf; bestehen blieb die offenkundige Zugehörigkeit Litauens zu seinen Nachbarsprachen, namentlich zu den slavischen. Diese Zugehörigkeit konnte allerdings wieder durch einen besonderen Umstand in ein falsches Licht gerückt werden, wie wenn z. B. in einem Roman von Sienkiewicz scherzhafterweise behauptet wird, litauische Wörter wären eigentlich polnische, denen man nur das *-as* anzuhängen brauchte. In der Tat wimmelt noch heute die Sprache des gemeinen Volkes von Slavismen, von denen sich die moderne Schriftsprache in Wilno zu befreien versucht, ebenso wie die rumänische in Bukarest, und diese vielen Slavismen könnten über die Eigenart des Litauischen täuschen. Denn es haben Preußen und Litauer, etwas weniger Letten, aus dem slavischen Sprachschatz infolge ihrer kulturellen und politischen Abhängigkeit von Polen und Russen massenhaft entlehnt: die Preußen aus dem Polnischen (das Pommersche, das ja vom Polnischen für das 10.—13. Jahrhundert gar wenig zu scheiden war, kommt ernstlich nicht in Betracht), die Litauer aus dem Russischen (und seit dem sechzehnten Jahrhundert ebenfalls aus dem Polnischen), die Letten aus dem Russischen (dazu gesellten sich Germanismen bei allen und Finnismen, Livismen bei den Letten). Es war daher nicht immer klar, was von lexikalischen Übereinstimmungen auf Urverwandtschaft und was auf junge Entlehnung zurückging; und noch heute sind die Akten darüber nicht geschlossen; man behauptete sogar, slav. *krěslo* 'Stuhl', *korva* 'Kuh', *degъtь* 'Teer' u. a. wären aus lit. *krěstas*, *karvė*, *degutis* (der Slave hat nämlich sonst für *deg-* 'brennen' ein *žeg-* eingesetzt) u. a. entlehnt, was einfach unmöglich ist; gegen Entlehnung dieser litauischen Worte aus dem Slavischen wurde wieder ihr Stoßton, der Ablaut u. dgl. geltend gemacht. Man vergesse nicht, daß die Entlehnungen sehr tief greifen, sich sogar auf Adverbien und Konjunktionen (*dabar*, *ale* usw.) erstrecken, daß sogar in der Stammbildung mit slavischen Suffixen zu rechnen ist, daß daher von vornherein in zweifelhaften Fällen die größere Wahrscheinlichkeit für Entlehnungen des Litauischen aus dem Slavischen spricht; in den meisten Fällen ist dies ganz sicher. Der umgekehrte Fall, daß das Slavische irgend etwas aus dem Litauischen entlehnt hätte, tritt niemals ein, außer in Grenzstrichen, wo Litauisch und Polnisch oder Weißrussisch zusammenstoßen; alle Annahmen von Lituanismen im Slavischen, so oft sie auch vorgetragen werden, sind von vornherein abzulehnen. Näheres über die Entlehnungen findet man in meiner Schrift über die slavischen Fremdwörter im Litauischen (1877).

Die Überlieferung der litauischen Sprachen beginnt etwas reichlicher erst im sechzehnten Jahrhundert zu fließen. Ein volle anderthalb Jahrtausende älteres Dokument des Litauischen (oder Ostlettischen?) haben die finnischen Sprachen bewahrt, deren älteste Schicht von Lehnworten aus Hunderten von Lituanismen besteht, die noch sämtliche Wandlungen des Urfinnischen durchmachen, vgl. das Meisterwerk von V. Thomsen, Beröringer mellem de finske og de baltiske (litauisk-lettiske) Sprog, Kopenhagen 1890. Das Finnische konservierte trefflich diese Eindringlinge, die gegen heute nur ein wenig verändertes Gesicht tragen, z. B. *taivas* 'Himmel' (lit. heute nur *diẽvas* 'Gott'), *paimen* 'Hirt' (*piemũ*), *heinä* 'Heu' (Neutrum! lit. *sziẽnas* M., slav. *sěno* N.), *ankerias* 'Aal' (*ungurýs*, mit noch offenem *ja*! nicht kontrahiert) usw., aber *sisar* 'Schwester', *tytär* 'Tochter' enthalten nicht etwa noch das auslautende *r* von *sesũ*, *duktė̃*, sondern sind nach den Kas. obl. gebildet wie etwa *paimen*, bei dem man den alten Diphthong *ai* gegenüber dem jüngeren *iė* beachte.

Nachdem Pott nach Bopps Vorgang durch seine beiden Abhandlungen von 1837 und 1844 dem Litauischen seinen gebührenden Platz unter den idg. Sprachen, neben und über den slavischen, erstritten hatte, war es das große Verdienst von A. Schleicher, auf Grund eigener Bekanntschaft mit der Sprache Preußisch-Litauens (durch Reisen), durch seine treffliche Grammatik (1856) und Chrestomathie (1857) ein bequemes Studium ermöglicht zu haben für eine Sprache, die vorher fast nur in Wörterbüchern und geringfügigen Liedersammlungen (eines Nesselmann, Rhesa, Ruhig-Mielcke, Klein, Szyrwid) zugänglich war, deren ältere Texte vergessen waren. Wohl hat Schleicher nicht alles (er beschränkte sich ja auf das südliche Preußisch-Litauen) und nicht alles richtig gehört; vor allem hat er den Unterschied zwischen geschleiftem und gestoßenem Akzent nicht wahrgenommen, obwohl der Litauer Kurschat bereits im Jahre 1849 im zweiten Hefte seiner Beiträge zur Kunde der litauischen Sprache, das die Laut- und Tonlehre behandelte, die Verschiedenheit der beiden Akzentformen richtig erkannt hatte. Kurschat führte die Bezeichnung der beiden Tonqualitäten in seiner großen, mit viel dialektischem Material ausgestatteten Grammatik (1876) durch, ebenso in dem ausführlichen deutsch-litauischen und dem ungleich knappern und weniger zuverlässigen litauisch-deutschen Wörterbuch (1870—1883). Vergleichend gehalten ist das Handbuch der litauischen Sprache (1897) von Wiedemann, dem wir auch eine Untersuchung über das litauische Präteritum (1891) verdanken. Von Leskien ist ein litauisches Lesebuch mit grammatischer Einleitung unter der Presse.

Die Bedeutung der Tonqualitäten für den litauischen Auslaut hat Leskien 1881 entdeckt, indem er in einem glänzenden Aufsatz (Archiv 5) nachwies, daß gestoßene Längen verkürzt werden (*gerà* — *gerό-ji*), geschleifte dagegen lang bleiben. Bezzenberger zeigte zwei Jahre darauf, daß der litauische Schleif- und Stoßton dem griechischen Zirkumflex und Akut historisch entsprechen, daß die Doppelheit also auf die idg. Zeit zurückgeht (BB. 7).

Über den Charakter der Tonqualitäten hat Baranowski eingehend und abweichend von Kurschat gehandelt, was H. Weber in der Einleitung zu seinen Ostlitauischen Texten (1882) wiedergab. Die Ausführungen von Baranowski und Jaunys über diese und andere (dialektologische) Fragen hat Leskien in IF. Anz. 13 nach den russischen Texten für deutsche Leser zusammengestellt. Übrigens hat schon eine litauisch-polnische Grammatik des 18. Jahrhunderts, die Universitas Linguarum Lituaniae, die Tonqualitäten auseinander gehalten, wie Rozwadowski in den IF. 7 gezeigt hat.

Fruchtbar erwiesen sich die Beobachtungen Fortunatovs über die Übereinstimmung in der doppelten Betonungsart slavischer und litauischer Diphthonge und Längen (Archiv 4) und F. de Saussures Erkenntnis, daß eine gestoßene Silbe den Ton einer vorausgehenden Länge auf sich ziehe (IF. Anz. 6), was Meillet aufs Slavische übertragen hat. Für die Endsilben hatten schon Leskien und Hirt diesen Wechsel der Akzentstelle erkannt, vgl. Hirt Idg. Akzent S. 95ff. Auf diese Weise erklärt sich die Oxytonierung sowie der Akzentwechsel vieler Worte, doch bleibt noch streitig, wie alt dieser Vorgang ist, ob er vielleicht sogar der lituslavischen Epoche angehöre, in vollem Umfang oder nur im Ansatz. Daß übrigens auch durch de Saussure noch nicht das letzte Wort gesprochen ist, zeigte Hirt (IF. 7, 41 ff.).

Es war Bezzenbergers Verdienst, die verschollene ältere litauische (und lettische) Literatur durch Neudrucke und Bearbeitung des gesamten älteren Materials neu belebt zu haben, mochte er auch in Einzelheiten zu sehr den verschriebenen oder verdruckten Formen trauen. A. Leskiens Ablaut der Wurzelsilben im Litauischen (1884) und Bildung der Nomina im Litauischen (1891), namentlich letztere Schrift mit ihrem überreichen, allen möglichen Quellen entnommenen Material, füllten wesentliche Lücken der Grammatik aus; sie beziehen das Lettische und Preußische voll ein.

Diese fremde Arbeit fand geringen Widerhall auf litauischem Boden selbst, fast keinen auf preußisch-litauischem bei der Minderzahl der dortigen Litauer und der vollständigen Germanisierung ihrer Intelligenz, während in Rußland das barbarische Verbot des einzig berechtigten Druckes mit lateinischen Lettern, der aufgedrungene Ersatz durch die verhaßten und unmöglichen cyrillischen Typen jede geistige Tätigkeit hemmte und lähmte. Erst im letzten Dezennium ist hier eine entscheidende Wendung zum Bessern eingetreten; das nationale Wiedererwachen der Litauer, befreit von dem alten Drucke, wendet sich in den Arbeiten ihrer ersten gelehrten Gesellschaft in Wilno mit Vorliebe der modernen Sprachkunde zu. Diese hatte schon in den Sammelwerken der Brüder Juszkiewicz (Volkslieder, 1880—1883, und Lexikon, 1897—1904, unvollendet), besonders aber durch den mit modernem Wissen vertrauten Jaunys ihre ersten Fühler ausgestreckt, doch litt Jaunys noch unter der vorgefaßten Meinung, alles Litauische als uralt auszudeuten. Von dieser Einseitigkeit befreite sich langsam sein Schüler K. Buga, dem wir eine Reihe von Einzeluntersuchungen in russischer und litauischer Sprache verdanken; neben ihm wäre Jabłoński-Obułaitis als Verfasser gediegener grammatischer Handbücher zu nennen; beide bürgen dafür, daß fortan das Litauische in erster Reihe von Litauern selbst wissenschaftlich gepflegt werden wird.

Das schon im sechzehnten Jahrhundert nur noch kümmerlich fortlebende, im nächsten gänzlich ausgestorbene Preußische ist uns besser bekannt als das ähnliche Geschicke teilende Polabische, weil zu einem alten, gar knappen Vokabular des vierzehnten Jahrhunderts aus dem sechzehnten Übersetzungen der Lutherischen Kathechismen hinzukamen, mag auch die Übersetzungsarbeit eines A. Will unsäglich schlecht sein (trotz aller Mohrenwäsche durch einzelne neuere Forscher). Nachdem Bopp 1853 durch seine Abhandlung über die Sprache der alten Preußen die grammatischen Formen der Katechismen erörtert, Nesselmann, Pauli, Burda das Elbinger Vokabular in seinen Einzelheiten gedeutet hatten, ist durch die Ausgaben von E. Berneker (1896) und von R. Trautmann (1909) das Material endgültig gesichtet. Dieses Preußisch zeichnet sich wohl durch Altertümlichkeit aus, hat es doch allein unter diesen Sprachen das Neutrum (in Spuren) erhalten (?), eine Reihe alter Kasus- und Verbalformen, sowie manche Worte — aber im großen und ganzen erscheint die Sprache der Katechismen über Gebühr eingeschätzt. Man klammert sich an den Text, an jede Form und jedes Zeichen — was ein solches Festklammern mit sich bringen kann, ist oben mehrfach angedeutet. Es handelt sich um eine Sprache in ihrer Agonie; abgefragt werden dem Bauer Sachen, die weit über seine Fassungskraft gehen; dadurch entsteht eine Unsicherheit in Lauten und Formen, charakteristisch für den Analphabeten, den man nicht im Zusammenhange reden läßt. Wer sieht, wie z. B. Lehnwörter mit *i* und *e*, oder *a* und *e* geschrieben werden, wie dieselben Adjektiva in derselben Kasusform verschiedene Endungen aufweisen, welch unförmliche Umschreibungen einfache Formen ersetzen müssen, der wird die Skepsis gegen die Angaben der Katechismen nicht los. Wenn z. B. die slavischen Sprachen und das Lit.-Lett. *-mo-* als Endung des Part. Präs. Pass. aufweisen, so kann dagegen das einmalige preuß. *poklausīmanas* 'erhöret' gar nicht aufkommen, hinter dem alles mögliche, nur sicherlich nicht -μενος steckt und auf das daher die Erklärung jenes *-mo-* nicht gestützt werden darf; es ist ebenso vertrauenerweckend wie etwa *embaddusisi* 'steckt' u. dgl. Daß gegenüber dem Zeugnis des slav. und lit.-lett. Gen. Sing. der *o*-Stämme *vlъka*, *vilka*, Nom. Plur. *rankos*, die preuß. Gen. M. *deiwas* und Nom. F. auf *-ai* nichts Altes sind, sondern auf bloßer Vermischung der *a*- und *o*-Formen beruhen, dürfte nicht bezweifelt werden. Wie ganz anders stellt sich das gleichzeitige Litauisch in denselben Texten, aber von einem wirklichen Kenner der Sprache, nicht von einem rat- und hilflosen Tolken herrührend, dar! Man setze daher in die preußischen Texte etwas weniger Vertrauen, suche nicht alles zu erklären (z. B. die Dativendungen *-mans* u. a.), weil der Verdacht, daß man es nicht mit richtigen Formen zu tun habe, sich öfters gar nicht niederschlagen läßt. Natürlich wird damit dem merkwürdigen Dialekt nicht sein Wert abgesprochen. Hat er doch vielfach Konsonanten bewahrt, die das Litauische und Slavische bereits ausgestoßen haben : *kirsnan* 'schwarz' = slav. *čьrnъ*; *klokis* 'Bär' (aus *tlokis*) = lit. *lokys*; *stesmu* Dat. Sing. = lit. *tamui*, slav. *tomu*; umgekehrt kennt er noch nicht die eingeschobenen Konsonanten des Litauischen, z. B. *kuntis* 'Faust' = *kumsztis*; *ausas* 'Gold' (nicht aus *aurum* entlehnt!) = *auksas*; *auktas* 'hoch' (nicht = *auctus*!) = *auksztas* usw.; kennt nicht die Dissimilation *newints* 'der neunte' zu lit. *devintas* (slav. *devętь* unabhängig davon entstanden). Der Wortschatz führt viele alte oder eigenartige Worte mit, doch liegt bei manchen der Verdacht der Entlehnung nahe (z. B. *klenan* 'Vorratskammer' = lit. *klůnas* 'Scheuer' aus russ. *klunia* dass.?) und vielfach hindert die schauderhafte Überlieferung die richtige Erkenntnis. Von Formen genügt es hinzuweisen auf die Flexion des unpersönlichen Pron., Gen. Sing. M. *stesei*, *tenesei*, *szeise*, denen nur in slav. *čьso* eine gleich altertümliche Form, aber völlig vereinzelt, gegenübertritt. Im Verbum ersetzt allerdings bereits die 3. Sing. auch die 3. Plur., aber noch hat die 2. Sing. die alte Endung in weiterem Umfang erhalten usw., doch auch hier mahnt die Unförmlichkeit der Überlieferung zu größerer Vorsicht, zur Annahme von irgendwelchen Verwechslungen, z. B. die 'Optative' *bousai*, *dasai* u. a. dürften eher ein Fut. (nur nicht mit einem Affix!) enthalten, als einen Opt. des sigm. Aor., den schon Bopp darin erkennen wollte! Wo uns Litauisch und Lettisch ganz im Stiche lassen, trauen wir nicht immer dem Preußischen. Erwägt man, daß ein poln. *czechet* 'Laken' preuß. *kekulis* oder *czwartek* 'Donnerstag' *ketwirtiks* wird, so wird man auch in *gena* 'Weib', das dem Litauischen und Lettischen völlig unbekannt ist, eher ein Lehnwort aus poln. *żena* (10.—13. Jahrhundert noch so), als ein uraltes Erbgut erkennen wollen.

Der litauisch-preußische Konsonantismus ist nun wesentlich einfacher als der slavische; er kennt kein rätselhaftes *ch* z. B., obwohl die Bedingungen für lit. *sz* (fremd dem Preuß.?) auch verwickelt sind (vgl. die Behandlung dieser Frage bei Endzelin Baltoslavische Studien 1912, russ.). Auch im Litauisch-Preußischen sind ja wie im Slavischen die *o*- und *a*-Laute zusammengefallen (nur anders als im Slavischen), im kurzen *a* und langen *o*, aber neben *ō* = *ā* trat das dem Preußischen unbekannte, also junge? *ů* auf, woher diese Spaltung? (vgl. slav. *jasati* 'gürten' und lit. *jůsta* 'Gurt', *jagoda* 'Beere' und *ůga* dass., wozu angeblich *uva* mitgehören soll, was man nicht zu glauben braucht; *danъ* 'Gabe' = *důnis*; **sadja* 'Ruß' und *sůdziai* dass., eig. 'Satz', was man vergeblich einer anderen Wurzel zuweist usw.) Die Annahme, es ergäbe nur das isolierte *ō* ein *ů*, nicht das im offenkundigen Ablautsverhältnis stehende, als ob Lautwandel derlei Schranken anerkennen würde, wird schon durch jenes *sůdziai* hinfällig; Wiedemann und Mikkola leugnen jeden Zusammenhang des *ů* mit *o*, erkennen darin einen *ōu*-Diphthong, was wohl für den Auslaut gelten mag, ob aber auch für den Inlaut? Auch die Unursprünglichkeit des *a*-Lautes (beginnend mit *asz* 'ich' für *esz* usw.) fällt auf, im Preußischen noch viel mehr als im Litauischen, was mit der Liederlichkeit der preußischen Überlieferung zusammenhängen mag. Durch das Erhalten des *s* sind die Formen wesentlich klarer als im Slavischen, obwohl auch nicht frei von allerlei Schwierigkeiten. Das Verbum hat ein ungleich weiteres Entwicklungsstadium durchlaufen, Aufgeben alter Formen, Ersetzen aller Präterita durch ein Mittel, das statt an Tempora an die Aktionsarten erinnert, daneben Erhaltung von Altertümlichkeiten, die schon das Altkirchenslavische aufgegeben hat, gewähren ein gar buntes Bild. Stammbildung und Syntax bewegen sich ungefähr in gleichen Bahnen wie im Slavischen.

Eine eigentümliche Stellung nimmt das Lettische ein, dem die bisherige Sprachwissenschaft nur geringe Aufmerksamkeit zuwandte. Man hielt es förmlich für überflüssig, sich mit ihm eingehender zu befassen, da Litauisch vollkommen ausreichte, das ihm gegenüber wie Latein gegen romanische Sprachen oder wie das Altkirchenslavische gegen moderne Slavinen aufzutreten schien; die Schwierigkeiten der 'degenerierten' d. h. weit entwickelten Sprache, ihre geringe Durchsichtigkeit (gemessen am Litauischen), ihr stark abweichender Wortschatz (der namentlich in einzelnen Dialekten an livisch-finnischen Eindringlingen reich ist), ihre Palatalisierung der Gutturale, das Aufgeben der Nasalvokale (beides erinnert an slavische Entwicklung), die Erstarrung des Akzentes (Initialbetonung), das Aufgeben alter Formen machten sie wenig anziehend für die moderne Sprachwissenschaft; man begnügte sich mit flüchtiger Einsicht in die umfängliche und umständliche Grammatik von A. Bielenstein, in das Wörterbuch von Ulmann mit ihrer unwissenschaftlichen, inkonsequenten Bezeichnung lettischer Laute nach deutscher Art. Es verbreitete sich sogar die Meinung, als wären die Letten nur lituanisierte Finnen, die sich jedoch trotz aller nahen Beziehungen der Letten zu den Finnen keinen Augenblick halten läßt.

Es ist hauptsächlich das Verdienst von Endzelin, eines Letten von Geburt, diese Aschenbrödelstellung des Lettischen bekämpft, dem Lettischen einen besseren Platz errungen zu haben, in Abhandlungen (namentlich in russischer Sprache) über die Präpositionen; die Nasale; seine Slavobaltischen Studien 1912 vertreten gegen Meillet, doch nicht energisch genug, die einstige lituslavische Gemeinschaft. Im großen und ganzen bleibt der Ertrag des Lettischen hinter den Schwierigkeiten seines Studiums zurück; die Formen sind ja im wesentlichen die des Litauischen; merkwürdig schwierig gestalten sich die Intonationsverhältnisse, durchaus anders als im Litauischen (sie sollen angeblich zu den preußischen stimmen?); der Wortschatz enthält vieles Abweichende, doch was ist davon alt und echt? Hier muß die Spezialforschung noch viel Hindernisse wegräumen. Sie setzt vor allem auch auf dem Gebiete der litauischen Dialektforschung ein, die bei Schleicher und Kurschat (der die Dialekte nur in Form eines Anhängsels behandelte), fast noch keine Rolle spielte, uns heute ein Bild der Mannigfaltigkeit entrollt, wie wir sie vor kurzem noch kaum geahnt hatten; hier sind die einheimischen Forscher vor ein reiches Arbeitsfeld gestellt.

Ein wesentlicher Fortschritt der slavischen wie der litauischen Sprachforschung ist nur durch beiderseitiges enges Zusammenarbeiten zu erzielen, wobei das Litauische dank seiner Altertümlichkeit vielfach der gebende Teil sein dürfte. Im Wortschatze z. B. schimmert im Litauischen noch öfters das Konkrete durch, wo im Slavischen die abstrakte Bedeutung vorherrscht, z. B. *zъlъ* ist nur 'böse', lit. **žulas* (in Zusammensetzungen, *atžulas* 'hartherzig', *įžulas* 'widerwärtig') zeigt in *įžulnus* und *įžulsnus* 'schief, schräge', *pažiulnus* 'abschüssig', *nůžiulsnus* dass. die Grundbedeutung. Oben ist nur aus dem Wortschatze die lituslavische Einheit festgestellt worden, aber dasselbe gilt für die Stammbildung, wo man ebenso die auf dem Gebiete der Formen vergeblich gesuchten Neubildungen in Hülle und Fülle auffinden kann. Leskien hat die gesamte litauische Nominalbildung behandelt, ohne speziell Stellung zu dieser Frage zu nehmen, aber für die Gemeinsamkeit, nicht für bloßen Parallelismus der Entwicklung liefert sein Werk die triftigsten Belege. Es wiederholen sich die sonst seltensten Elemente in derselben Funktion, z. B. das Element *g*, lit. *metagis* 'Lügner', *ei-ga* 'Gang', bei Zahlwörtern *dveigys penkergis*, *żab-anga* 'Fessel', sekundäre Adjektivbildung auf *-ingas*; alles ebenso im Slavischen, Nom. act. auf *-ežь*, auf *-ga* (*stru-ga* 'Fluß'), die Zahlwörter *dvojgo pięciorgo*, *ostręga* 'stacheliges', *pstrąg* 'buntes' (Forelle), *-ięga* substantiviert dafür Adjektiva, *siermięga* 'grauer Rock' u. a. Im Litauischen steht jedem *m*-, *n*-, *l*-, *v*-, *r*-, *t*-Suffix ein *sm*- usw. Suffix so konstant zur Seite, daß Leskien beide gar nicht von einander trennte; ähnliches gilt fürs Slavische und *čeljustь* 'Kinnlade' kann nicht, wie behauptet wurde, eine Zusammensetzung von *čele* + *usta* sein, sondern enthält eben das Suffix *-jut-* in der Nebenform *-just-*. Wohl kommt vor, daß ein Suffix in der einen Sprachgruppe ständig, in der andern nur vereinzelt auftritt, z. B. lit. *-tojis* gegenüber vereinzeltem slav. *-taj* (*artojis* 'Pflüger' = *rataj* dass., doch ist nicht von *rataj* die Suffixform *-ataj* ausgegangen, da für den Slaven der Zusammenhang von *rataj* mit *orją*, *orati* 'ackern' ganz verdunkelt war) oder daß geringe Abweichungen in Form und Funktion vorkommen, z. B. der Litauer *-tuva* oder gar *-tuvė* für slav. *-tva* vorzieht (*britva* 'Rasiermesser' = lit. *szleiktuvė* 'Wetzstein'; Bildungen wie *senatvė* 'Alter' steht slav. *-ьstvo*, eigentlich lit. *-yste* gegenüber), aber diese Unstimmigkeiten können gegen die vielfach frappante Identität gar nicht aufkommen und diese Identität zwingt uns, sie auch dort ohne weiters anzusetzen, wo der Schein, die lautliche Differenz dagegen zu sprechen scheint; die richtige Deutung ergibt sich eben aus dieser Identität.

So bildet das Litauische Nom. Instr. mit *-klas* (*-klys*, *-klė* usw.), das Slavische mit *-dlo*. Daß beide mit dem *-tr-* der verwandten Sprachen zusammenhängen müssen, war klar, vgl. *aratrum* usw. mit lit. *arklas* dass., slav. *radlo* (aus *ardlo*); man nahm an, um allen lautlichen Schwierigkeiten aus dem Wege zu gehen, daß das *l* durch Dissimilation aus *r* entstanden wäre (wie auch in dem slav. Suffix *-telj*, etwa in Fällen wie *zьritelj* 'Schauer', *prijatelj* 'Freund') und daß das slavische statt des *-tro*-Suffixes auf ein *-dhro-* (*-dhlo-*)-Suffix zurückzuführen wäre. Ein ganz vergebliches Bemühen. Die minutiöseste Übereinstimmung von lit. *gerklė* und *gurklys* 'Kehle' mit slav. *žerdlo* und *gъrdlo* dass., *ginklas* 'Wehr' und *żędlo* 'Stachel', *būklas* cubile und *bydlo* 'Wohnung' usw., das Fehlen jeglicher Spur eines angeblichen *-dhlo-* im Litauischen erweisen zu Genüge, daß *-tl-*, wie auch sonst im Litauischen zu *-kl-* umgesprungen, im Slavischen zu *-dl-* geworden ist, und dagegen können lautliche Bedenken gar nicht aufkommen.

Oder man vergleiche einige Bildungen mit dem *n*-Element; *-ynas* oder *-ynė* im Litauischen, ebenso *-iėna*, und *-ina* im Slavischen bilden dieselben Kollectiva zu Baumnamen, *beržynas* = *berzina* Birkicht; bezeichnen Fleisch und Fell des Tieres, *žveriėna* = *zwierzyna*, *kiauliena* = *świnina*; Gerichte nach Pflanzen u. ä., *koszeliėnė* 'Sülze' = *kisielina*; lit. *-ėnas*, slav. *-ěne* (Plur.) bildet von Ortsnamen Bezeichnung der Einwohner: *Tilżėnas* = *Riměne*, Verwandtschaftsnamen: *seserėnas* = *siostrzan* usw. Die Adjektiva auf lit. *-inas*, slav. *-ьnъ* werden substantiviert mit *-ĭkas* (oder *-inkas*, dazu das F. *-inkė*), im Slav. mit *-ikъ*, dazu das F. *-ica*, also *šimtininkas* (*šimtinykas*) centurio = slav. *sъtьnikъ* und ebenso in Hunderten von Fällen. Dieselbe minutiöse Übereinstimmung finden wir beim *k*-Element, in primären (Nom. act.) wie in sekundären (Deminutiv) Bildungen, z. B. *siuvikis* 'Näher' = *šьvьcь* dass. (allerdings sind im Hochlitauischen, nicht im Lettischen, die Bildungen auf *-ikas* häufiger); *vainikas* 'Kranz', *gyrukas* 'Prahler', *tiltukas* 'kleine Brücke' = slav. *věnьcь* dass., *gądьkъ* 'Sänger', *mostьkъ* dass.; *toks* 'solcher' = *takъ*, *viėnoks* 'einerlei' = *jednaki* usw. Junge von Tieren werden mit demselben *-ytis* = *itjь* bezeichnet, *vilkýtis* = *lvitjь*, während für Patronymika der Litauer eine andere Nuance dieses Suffixes anwendet, *-aitis* gegenüber dem *-itjь* des Slaven. Oder für das so häufige *-ėjas* (meist zur Bezeichnung von Nom. ag.) ist nur im Slav. *-ěj* das Analogon zu finden, *siuvėjas* 'Näher' = altr. *šьvěj* dass., während *-ěj* sonst für Nom. act. beliebter ist. Trotz aller geringfügigen Abweichungen offenbart sich der gemeinsame Hintergrund; dem slav. *-ьstvo*, das Abstrakta zu Adjektiven bildet, entspricht lit. *-ystė* (auch im Slavischen wird ja *-ьstvo* vielfach zu *-ьstvije*); dem slav. *-ota* in derselben Funktion ein *-ata*, dem *-ostь* ein *-estis*; in *levyksztis* 'der kleine Löwe' erkennen wir slav. *lьvitjь* wieder (*k* dem *š* vorgeschoben; *-štis* statt *-stis*) usw. Dasselbe wiederholt sich beim *l*-Element, wobei allerdings der Litauer höchstens Ansätze zu der slavischen Art, mit dem *l*-Suffix sich ein neues Part. Prät. zu bilden, aufzeigt und statt des slav. *-ala* mit Vorliebe sein *-atas* braucht (= slav. *-otъ*). Ebenso ist die Deminutivbildung vielfach identisch und bei allen Differenzen vergesse man nicht, daß sogar das Lettische und Preußische, namentlich das erstere, vom Litauischen mehrfach abweichen, besondere Suffixe aufweisen, oder von weit verbreiteten litauischen nur dürftige Spuren bieten.

Die beiderseitigen Differenzen beschränken sich öfters auf den Quantitätsunterschied des Vokals vor dem konsonantischen Element des Suffixes, z. B. slav. *borьba* 'Kampf' (zu *borti* 'kämpfen'), = lit. *derybos* 'Vertrag' (zu *derėti* 'verhandeln'), sonst zieht das slav. *zъl-oba* 'Bosheit' (zu *zъlъ*) vor, lit. *gėrybė* 'Güte' (zu *geras*); auch ist das Element *s* vor *n* (*ż* kennt der Litauer nicht) ungleich häufiger als *sn*, *zn* im Slav. u. a. Die Übereinstimmung erstreckt sich sogar auf ganz junge Intensivreduplikationen; der Slave wie der Litauer wiederholen nämlich die ganze Stammsilbe des Wortes, z. B. slav. *perperъ* 'Wachtel', *golgolъ* 'Rede', *porporъ* 'Fahne', *polpolъ* 'Flamme', *cholcholъ* 'Pflege' usw., der Lit. *werwersys* 'Lerche' (im Slavischen dieselbe 'Wurzel' in *sko-vor-nъ* dass., daß an *vornъ* 'Rabe' nur zufällig anklingt) preuß., lit. *wewersys*; *skanskoniei* 'Leckerbissen'; *giergiere* 'Kleinod'; *mażmożei* 'Kleinigkeiten'; *niekniekiei* 'Possen' usw. (stark reduziert in *żeżirba* 'Funken', *żiżilpas* 'Blendwerk', *lelesza* 'Milzstiche' u. dgl.).

Ein erheblicherer Fortschritt in der Behandlung der Stammbildung ist nur von einem steten Vergleichen des Slavischen und des Litauischen zu erhoffen; den Anfang dazu gab eben Leskien, der vielleicht nur in der Annahme von Entlehnungen mancher litauischen Suffixe aus dem Slavischen hie und da zu weit gegangen zu sein scheint; auch das *-avoti* des litauischen Verbums scheint nur aus dem slavischen *-ovati* zu stammen.

Noch mehr gilt dies von der Laut- und Formenlehre. Beide Sprachen gehören der Satemgruppe an, aber bei beiden findet man häufig, statt des zu erwartenden Vertreters des palatalen, den des velaren oder labiovelaren Gutturals. Alle Versuche, diese Doppelheit zu erklären, sind gescheitert. Man nahm an, daß die betreffenden

Worte der Satemsprachen von einem Centumvolke entlehnt seien oder daß Beeinflussungen stattgefunden hätten — ein ganz unmöglicher Gedanke, wenn man Art, Zahl, Verteilung dieser *k*-, *g*-Formen statt der zu erwartenden lit. *sz*-, *ż*- = slav. *s*-, *z*-Formen berücksichtigt. Man versuchte, wenigstens einzelne Fälle durch Annahme von Analogiewirkungen zu eliminieren, z. B. slav. *brъgo* für und neben *brъzo* 'rasch' aus dem Kompar. *brže* zu erklären, zu dem die Sprechenden nach dem Muster *duži* 'länger' zu *dug* 'lange' ein *brgo* gebildet hätten; ähnlich verfuhr man mit serbokroatischen Formen mit *g* statt *z* bei *lězą* 'krieche'. Endlich sprach man wenigstens für das Slavische von einer Art Dissimilation; in slav. *gąsь* gegenüber lit. *żąsis* 'Gans' hätte der folgende Sibilant die Assibilierung des Gutturals verhindert; man führte dafür eine Reihe von Beispielen an, *svekrъ* gegenüber lit. *šešuras* 'Schwiegervater', *kosa* 'Sichel' gegenüber ai. *śásati* 'schneidet' *castrare*; *kosъ* 'Amsel' (= κόψιχος dass.); *kvьtǫ* 'blühe' statt **svьtǫ* in Formen mit *s*, Infin. *kvisti*, Aor. *kvisъ*. Leider hält dieses angebliche 'Sibilantendissimilationsgesetz' keinen Augenblick stand, nicht einmal im Slavischen, vgl. slav. **słuchъ* 'Gehör' (aus *k̂laus*-) gegenüber lit. **kłausas* (in *klausyti* 'hören'); die Etymologien von *kosъ* (= lit. *kosas*, nicht κόψιχος!) und *kosa* sind falsch und vor allem wird damit die Menge der faktischen Abweichungen noch lange nicht erklärt noch beseitigt. Warum der Litauer *šlovė* 'Ruhm' neben *klausyti* hat (griech. κλέος = κλύω), der Slave *gąsь* neben lit. *żasis*, der Slave und Litauer *kamy* = *akmů* 'Stein' und lit. *ašmů* 'Schärfe' neben ai. *áśmā*, ist unbekannt, aber das Faktum muß anerkannt werden und hilft über eine Menge von Schwierigkeiten hinweg, über ganz ungerechtfertigte Entlehnungsannahmen sowohl wie über Verkennungen offenbaren etymologischen Zusammenhanges. Lit. *kerdżus* 'Hirt', preuß. *kerdan* 'Zeit', slav. *čerda* 'Reihe' weichen von ai. *śardhas* 'Herde' ab; trotzdem darf man nicht "alte Entlehnung der baltisch-slavischen Wörter aus dem Germanischen oder besser Entlehnung von seiten eines Teiles der satem-Sprachen aus einer centum-Sprache" annehmen und gar nicht 'bedenklich' ist es, slav. *kъrdъ* 'Herde' hieher zu stellen, statt es von einem unbelegten got. *kaúrdr* herzuleiten. Und so ist nun slav. *vysokъ* 'hoch' mit preuß. *uka*- und *auk-tas* (litauisch mit dem beliebten *š*-Einschub, *auksztas*) dass., nicht etwa mit preuß. *unsei* 'hinauf' in Zusammenhang zu bringen und es verhält sich *vysokъ* : *auksztas* = *ązъkъ* 'eng' : *anksztas* usw. und so in vielen anderen bisher unbeachteten Fällen.

Die Schwierigkeit des Problems liegt nicht etwa in dem Nebeneinander von *akmů* und *aszmů* 'Schärfe' = *aśmā* u. dgl., sondern darin, daß sogar innerhalb derselben Sprache, ja sogar bei anscheinend jungen Worten der 'palatalisierte' und der 'velare' Guttural nebeneinander vorkommen, z. B. preuß. *balgnan* 'Sattel' (daraus lit. *balnas*) und *balzinis* 'Kissen'; lit. *kermušė* 'wilder Knoblauch' und *šermukšnė* (*k* Einschub) 'Eberesche'; slav. *blaznъ* 'Narr' und *błagъ* 'toll'; lit. *żnybti* und *gnybti* 'kneifen'; *gardas* 'Hürde' (= slav. *gordъ*) und *żardas* 'Gerüst' (= slav. *zordъ* dass.) usw.

Während man an diesem Problem leicht vorbeigehen konnte, erzwangen sich andere Aufmerksamkeit und ganz unbefriedigende Lösungsversuche. Daß die Forschung nicht recht von der Stelle rückt, daß längst abgetane Lösungen immer wieder aufgegriffen werden, hängt zu einem großen Teil mit einer vorgefaßten Meinung zusammen : man beachtet nicht, daß An- und Auslaut eigene Wege gehen; die beim Inlaut erprobten Regeln überträgt man ohne weiters auf An- und Auslaut und verbaut sich damit jeden Ausweg; im Slavischen liegen nach dem Abfall des *s* und bei seiner weiteren Entwicklung die Verhältnisse noch viel verworrener als im Litauischen. Man nehme z. B. Nominalendungen; ein größerer Wirrwar ist kaum zu denken. Die enge Verwandtschaft zwischen Slavisch und Litauisch, wenn man sie gebührend berücksichtigt, vermag hier allein Licht zu schaffen oder wenigstens zahllose, unmögliche Lösungen beseitigen. Die Unmöglichkeit der Lösungen beruht nämlich darin, daß man alle Kasus und Genera und Stämme durcheinander wirbelt. Der Nom. Plur. der *o*-Stämme, lit. *vilkai*, soll auf einmal den Neutra entstammen; der Dat. Sing. der *o*-Stämme, slav. *rabu*, soll ein Lok. sein; der Instr. Plur. der *o*-Stämme, slav. *raby*, soll von *u*-Stämmen (die etwas Ähnliches gar nur im Avesta haben sollen) entnommen sein; der Dat. Sing. preuß. *stesmu* 'diesem' soll ein Ablativ sein und so ins Unendliche. Alle ähnlichen Versuche sind von vornherein abzulehnen. Gewiß kommen Formentlehnungen und Formausgleichungen auf jüngeren Sprachstufen immer wieder vor; so gleicht sich im Preußischen, wenn man nur den Katechismen trauen darf, die Deklination der *o*- und *ā*-Stämme vielfach aus, Dat. *vardai* = *rankai*, Gen. *vardās* = *rankās*, Nom. Plur. *vardai* = *rankai*, Akk. *vardans*

= *rankans*; so ist im Slavischen die Deklination der *ŭ*-Stämme mit der der *o*-Stämme zusammengefallen, die mask. *ĭ*-Stämme sind völlig mit den *jo*-Stämmen vereint usw. Oder es treten Kasus für Kasus ein, wo sie auch sonst völlig zusammenfallen, z. B. im Litu-slavischen der Gen. und Abl., im Griechischen bei dessen geringer Kasuszahl u. dgl. Oder endlich gibt es bestimmte Alterierungen, z. B. wenn der Russe statt des Nom. Plur. *ti* nach den Kas. obl. (*těch*, *těm*, *těmi*) ein *tě* sagt — aber keine dieser Bedingungen trifft für den oben erwähnten willkürlichen Endungsaustausch ein, wie ihn z. B. Mikkola mit Vorliebe anzunehmen pflegt. Jenes sind stets wohl kontrolierbare, junge Vorgänge, die für alte Zeiten nichts besagen können; man darf wohl annehmen, daß im Slavischen die alten *ju*- und *jo*-Stämme völlig auch im Sing. zusammenfielen, während dies im Litauischen nur im Dual, Plur. geschah und daher die Vok. auf *-u* (ebenso die lit. auf *-au*) bei den *jo*-Stämmen herrühren, aber ohne weiters das Eintreten einer Lok.- oder Instr.-Form für den Dat., bei der völlig getrennten Funktion dieser Formen, anzusetzen geht einfach nicht an. Morphologische Gründe zwingen uns daher, trotz aller phonetischen Schwierigkeiten, die entsprechenden litauischen und slavischen Formen einfach zu identifizieren; slav. Nom. Plur. *vьlci* ist daher = lit. *vilkai*; slav. Dat. Sing. *vьlku* = lit. *vilkui*; slav. Instr. Plur. *vьlky* (wo die Versuche, das rätselhafte *vьlky* durch eine unmögliche Analogie nach *kraji* oder aus den rätselhaftesten avestischen *us*-Formen zu erklären, ganz mißlungen sind) = lit. *vilkais*; slav. Lok. Sing. *vьlcě* = *namiě* usw. Wir sprechen eher nur von scheinbaren phonetischen Schwierigkeiten, denn es handelt sich hier stets um den Auslaut und auf diesen die Inlautsregeln einfach zu übertragen, wäre Willkür. Der Abfall des auslautenden *s* ruft allerdings im Slavischen tiefgreifende Veränderungen hervor; man denke z. B. an den Gen. Sing., Nom. Akk. Plur. der *ā*-Stämme. Hierüber gewährt das Lit. einigermaßen Aufschluß; es hindert uns, einen slav. Gen. Sing. *žęny* = got. *qinōns* anzusetzen, weil das Vorhandensein einer solchen Deklination im Litauisch-Slavischen ganz unerweislich ist; es zeigt uns durch seine Nom. Plur. *akys*, *avys* u. dgl., daß die slav. Nom. wie *kosti* ursprünglich sind; aber *kosti* war auch Akk. Plur. und Gen. Sing. zugleich und so erklärt sich, daß, als die *ā*-Stämme für den Akk. Plur. **rąkas* statt des nach dem Abfall des *s* mit dem

Nom. Sing. zusammenfallenden **rąka* von den M. die Endung *-y*, resp. *-ję*, herübernahmen, die neue Form *rąky* auch für den Nom. Plur. und Gen. Sing. eintreten konnte ganz wie *kosti*. Andere erkennen diese alte Deutung nicht an, lassen ein *-ās* zu *-y*, *-jās* zu *-ji* werden (*rąky* — **duši*); nach der Parallele *raby* — *konję*, *idy* — *kolję*, wäre *rąky* — *dušę* daraus entstanden, der neue Nom. Plur. so mit dem alten Akk. Plur. ausgeglichen (der nach dem M. das *-ns* angenommen hatte) und hätte dasselbe Verhältnis im Nom. Akk. Plur. *kosti* nach sich gezogen — aber *rąky* — **duši* hätte ja an *raby* — *konji* (Instr. Plur.) eine Stütze erhalten können und die Behandlung des *-ās* zu *-y* ist ebenso bloße Annahme wie die des *-os* zu *-ŭ*, die durchaus nicht unumgänglich ist, da man den Nom. *rabъ* gegenüber *vil̃kas* auch noch anders zu erklären vermag.

Natürlich, durch diese hier so apodiktisch oder dogmatisch gefaßten rein morphologischen Gleichsetzungen werden die phonetischen Schwierigkeiten und Rätsel nicht im geringsten beseitigt, doch gewinnt man jedenfalls eine feste Basis und entzieht vielerlei Versuchen von vornherein jeglichen Boden. Das *-ъ* des Gen. Plur. *vlъkъ* (die Sprache scheute gar nicht den Zusammenfall mit dem Nom. Sing., was uns mißtrauisch machen muß gegen die damit rechnende Annahme eines Vondrák z. B.), *ženъ* usw., muß mit dem einst langen *-ūn* des lit. Gen. Plur. identisch sein, *rąkъ* = *rankūn*; ob es der Phonetik gelingt, die abweichende Behandlung des *-ūn* (gekürzt wegen geschleifter Betonung?, s. Streitberg IF. 1), zu erklären oder nicht, bleibt dahingestellt; jeglicher Versuch, hier ein (anderen Sprachen unbekanntes) *-om* anzusetzen, um diese Schwierigkeit zu beheben, muß als undiskutierbar ausscheiden. Das slav. *-y* im Nom. Sing. von *kamy* und *bery* ist doppeldeutig; das lit. *akmů* und *sakąs* beweist die Grundform **kamōn* (vgl. lit. *menung*, *sesung* usw.) und **berons* und von einer Satzdublette ohne *n* (**kamō*, fürs Lit.) könnte ganz Abstand genommen werden. So ergänzen sich beide Sprachgruppen wechselseitig; im Instr. Sing. zeigt das Litauische ungleich ältere Formen (Ausgleichung durch das *-mъ* im Slav.; dessen Form *-oją* statt *-ą*), dagegen ist im Lok. Sing. das Übergewicht auf slavischer Seite. Die zusammengesetzte Adjektivflexion ist eine gemeinsame Neuschöpfung; beim Personalpronomen braucht man nur auf die Übereinstimmung von preuß. Dat. Sing. *menei*, *tebei*, *sebei*; Akk. Sing. *mien*, *tien*, *sien*; poss. *majs*, *twajs*, *swajs* mit slav.

mьně, *tebě*, *sebě*; *mę*, *tę*, *sę*; *moj*, *tvoj*, *svoj* hinzuweisen. Nur in der Konjugation scheiden sich beide Sprachgruppen schärfer; mit den slavischen Aoristen können an Altertümlichkeit die litauischen Präterita ohne präteritale Formen (höchstens mit übertragenen Endungen) sich nicht messen; dafür steht dem regelmäßigen lit. *s*-Futurum im Slavischen das einzige Part. Fut. *byšęšteję* τὸ μέλλον (altböhm. *probyšúcný* 'utilis' ist eine Nominalableitung, enthält kein Part.!), gegenüber. Sonst entsprechen sich schön z. B. der Konditional Plur. *bimъ* = lit. *-bime*; *bě* 'war' = preuß. *bē*, aber die angebliche Übereinstimmung in der Anhängung des Demonstr. an die 3. Sing. (preuß. *ima-ts* = slav. *ima-tъ*) ist einfach abzuleugnen. In den Neubildungen (z. B. lit. *sukdavau*, slav. *dalъ jesmъ* usw.; auch *bądą*, das nur zufällig an lat. *-bundus* anklingt, wird durch lit. *bunu* nicht gefördert), geht jede Sprachgruppe ihre eigenen Wege.

Und ähnlich verhält es sich mit dem Anlaut. Man beachtete nicht, daß lit. *jis* = slav. *ji* 'er', *jungas* 'Joch' = slav. *jigo* erwies, daß im Anlaute slav. *jъ-* zu *ji-* (später auch bloßes *i-* daraus) wurde, sondern suchte durch böhm. *jehla* 'Nadel' für *jihla* u. a. verführt, die nur für den Inlaut geltende Regel, wonach *ъ* unter gewissen Bedingungen zu *e* wird, auch auf den Anlaut zu übertragen. Man übersah weiter, daß der *ja-*, *je*-Anlaut starken Schwankungen ausgesetzt ist, zu *ja-*, *jo-* (*o*), *ji-*(*i*) werden, ja sogar schwinden kann (russ. *rjabi* 'Rebhuhn' schon im zwölften Jahrhundert aus *jarębi*); man kann etwas Ähnliches fürs Litauische und Preußische feststellen, wo die *a-* und *e*-Laute durcheinander gehen, wie dies im Inlaut nicht der Fall ist; endlich erliegen die *ai* im Anlaute auch noch einer anderen Veränderung als die inlautenden, worauf die Gleichungen lit. *aiškus* = slav. *jasnъ* 'klar', preuß. *aizva* 'Wunde' = slav. *jazva* dass. u. a. hinzudeuten scheinen. Besonders gilt dies jedoch für den konsonantischen Anlaut. Gewiß kommen schon inlautend Schwankungen vor, z. B. in Bezug auf den Schwund von Konsonanten vor *n*, wo das Litauische den älteren Zustand wahrt, z. B. slav. *łuna* 'Schein, Mond' = preuß. *lauksnos* 'Sterne', *čьrnъ* 'schwarz' = preuß. *kirsnan* dass., *łanita* 'Wange' = preuß. *laignan* dass., *osa* 'Espe' und 'Wespe' = preuß. *apse* und *wopse* usw. (vgl. oben). Aber im Anlaut sind die Schwankungen ungleich einschneidender. Zuerst was den Abfall gewisser Konsonanten namentlich des sog. beweglichen *s* betrifft: Wenn wir auch von den eigenartigen Verhältnissen des Lettischen absehen, so finden wir nicht nur *s*- und *s*-lose Formen auf Slavisch und Litauisch verteilt, sondern innerhalb jeder Sprache setzt sich dieser Wechsel fort, sogar bis in Lehnwörter hinein, wobei die Slaven das *s* fallen lassen (poln. *krzynia,* fünfzehntes Jahrhundert, aus *scrinium*), die Litauer es dagegen vorschlagen (*skwarmas* aus Form). So hat man nie bezweifelt, daß slav. *skora* 'Haut' und *kora* 'Rinde', lit. *skara* 'Lumpen' und *karna* 'Bast' identisch sind, aber man hat nie beachtet, wie tief dieses Schwanken eingreift, namentlich wenn *sk*- in Frage kommt. Es ist somit slav. *pero* 'Feder' = lit. *sparnas* dass. (nicht = πτερόν); *čisto* 'Zahl' = lit. *skaitlius*; *čistъ* 'rein' = lit. *skystas* (doch ist *ščitъ* 'Schild' davon zu trennen) und nach der Analogie von *štuždь* 'fremd' (Skythenname? jedenfalls von got. *þiuda* 'Volk' ganz unabhängig) und *tuždь* oder *čuždь* (alles südslavisch, altbulgarisch) kann man auch *trěmъ* (das nichts außer dem zufälligen Gleichklang mit τέρεμνον gemein hat) und *črěmъ* 'Zelt, Halle' unter *skerm* - Schirm vereinigen. Eine Menge litu-slavischer Gleichungen muß daraufhin revidiert werden und neue ergeben sich.

Aber nicht nur *s* fällt ab, dasselbe gilt von anderen Konsonanten. Oben ist, trotz der Vokaldifferenz (die wir so oft beobachten können), *łyda* 'Wade' mit lit. *błauzda* dass. identifiziert, aber im Slavischen selbst ist *błyskъ* 'Glanz' und *łyskъ* dass. identisch. In anderen Fällen erhält das Slavische die ältere Lautgebung, *dłaka* 'Zotte', aber lit. *lokys* 'Bär' (preuß. noch *klokis* und älteres, in ON., *tlokis*), dagegen wieder lit. *žvirblis* 'Sperling' = slav. *vorblь* dass. u. a.

Ganz rätselhafte Laute sind bisher die anlautenden slav. *ch* und *š* gewesen und nur aus dem Litauischen dürfen wir auf bestimmte Aufklärung hoffen. Während das Lit. *sk*- erhält oder das *s*- abfällen läßt, finden wir im Slav. dafür *sk*- (z. B. *skutъ* 'Saum' = lit. *skiautas* zu *skut*- 'scheeren'; nicht zu deutsch 'Schoß' zu stellen!) oder *k* (vgl. oben) oder *ch,* wofür eine Reihe von Gleichungen zu sprechen scheint, ohne daß der lautliche Vorgang klar würde, z. B. slav. *chudъ* 'böse' = lit. *skaudus* 'wehe'; *chybki* 'rasch' = lit. *skubus* 'eilig' u. a. Aber im Slavischen steht neben *chybki* auch *szybki* 'rasch' und dieser Wandel, ohne das ihn sonst veranlassende Auftreten eines palatalen Elementes, wiederholt sich öfters. *Sk* vor palatalen Elementen ist noch anderem Wandel ausgesetzt; ein lit. *skyrius* 'Unterschied' ist slav. sowohl *ščirъ* 'lauter', bö. bloßes *čirý* dass. (seit alter Zeit), wie **širъ* 'breit' in *širokъ* (mit der ständigen Stammerweiterung) — zum Bedeutungswechsel vgl. man slav. *ovьnъ* 'eben' und preuß. *arwis* 'wahr' oder lit. *-tisas* 'gestreckt' und *tiesa* 'Wahrheit'; daher ist nun ein slav. *šipъ* 'Stachel' mit *štip-* 'zwicken' identisch usw.

Aber slav. *ch* geht nicht nur auf *sk-* zurück, es ist auch die Verhauchung von *s*. Ein Beispiel, *chodъ* = ὁδός, stand ja dafür für immer fest; vergeblich blieb der Versuch, es dadurch zu eliminieren, daß man es nur in Zusammensetzungen mit *pri-*, *u-* nach der gewöhnlichen Inlautsregel entstehen und erst von da aus sich verbreiten ließ — es war dieselbe willkürliche Übertragung der Inlautsregel auf den Anlaut. Das Litauische gewährt andere einwandsfreie Beispiele für diese Behandlung des anlautenden *s*, z. B. *chusta* 'Umschlagetuch' = lit. *apsiaustas* dass. Man sieht, erst die konsequente Heranziehung des Litauischen kann die slavischen Lauträtsel deuten helfen.

Erwägt man nun Fälle, wie lit. *strazdas* 'Drossel' = slav. *drozdъ* und *drozgъ* dass., slav. *dьlgъ* 'lang' = lit. *ilgas*, lit. *silpnas* 'schwach' = slav. *slabъ* dass., lit. *toli* 'weit' = slav. *dalь* dass., *kepù* 'backen' = *peką* dass. usw., so wird man an der Notwendigkeit ausschließlichen, ängstlichen Festklammerns an die sonstigen Lautregeln gegenüber evidenten Übereinstimmungen, die ihnen widersprechen, etwas irre. Wenn z. B. der Litauer *debesys* 'Wolke' statt slav. *nebesa* dass. und *namaĩ* 'Haus' statt slav. *domъ* dass. sagt, so genügt vielleicht die bloße Aneinanderreihung beider Fälle, um sie auch schon zu erklären, und es ist durchaus nicht mehr nötig, das Eintreten des *d* in *debesys* durch Einwirkung des *d* von *dangus* 'Himmel' zu deuten (liegen doch beide Worte einander viel zu fern) oder *namas* aus *domos* durch halsbrecherische Konsonantenänderungen (**dmai* usw.) herzuleiten oder es ganz davon zu trennen. Dagegen muß entschieden Verwahrung eingelegt werden gegen weitgehende Annahmen von Metathesen, Dissimilationen u. dgl. für alte Zeiten und für den einheimischen Sprachschatz; Metathesen und Dissimilationen machen sich, bis auf verschwindend seltene Fälle, erst auf jüngeren Sprachstufen hauptsächlich nur bei Fremdwörtern und in ganz vereinzelten Worten (ohne erkennbaren Zusammenhang) als bloße Versprechungen breit; es sind daher die Hirtschen Annahmen z. B. eines slav. *proso* 'Hirse' = lit. *sora* (durch Metathese aus **psoro*!), eines slav. *zveno* 'Radfelge' aus **genvos* von vornherein abzulehnen; ebensowenig ist lit. *kumstis* (preuß. *kuntis*!) 'Faust' umgestellt aus **pungstis* = slav. *pęstь* dass. Alle Unstimmigkeiten wegerklären zu wollen, wäre aussichtsloses Bemühen, so sehr auch das Bestreben, ihr Feld möglichst einzuschränken, gebilligt werden muß; aber für das einzige sichere *nozdri* 'Nüstern' = lit. *nasraĩ* dass. (gegenüber der Erhaltung des *sr* in slav. *sestra* 'Schwester', *ostrь* 'scharf' u. dgl.) ein 'Lautgesetz' aufstellen (denn der andere angeblich 'sichere' Fall, *męzdra* 'Häutchen' gehört gar nicht zu *męso* 'Fleisch', sondern zu *mězga*!), die Einwirkung des anlautenden Sonoren (*n*, *m*) oder bei *męzdra* ein völlig unbekanntes Sekundärformans *-dhro* neben *-ro* (neben vielen anderen, gleich unmöglichen Deutungen) ansetzen, geht auf keinen Fall an; *nozdri* bleibt eben 'unerklärt'. Das Eintreten eines, wie man es früher nannte, parasitischen, oder wie man später sagte, sekundären *j* ist im Slavischen und Litauischen so massenhaft und so sprunghaft zugleich (Kurschat im litauischen Wörterbuch und Hrinčenko im kleinrussischen schreiben mit *j* die Worte, die andere Quellen ohne *j* angeben), daß alle Versuche, sie im einzelnen zu deuten (z. B. durch Annahme "sekundärer Konsonantenpalatalisation bei verächtlichen Begriffen" oder durch 'Ablaut') abzulehnen sind; man hat sich nur zu hüten, auf diese zufälligen späten 'Erweichungen' irgend etwas zu bauen, z. B. eine unursprüngliche Form, serb. *gnjat* 'Knochen', statt *gnat*, ins urslavische Lemma einzuführen.

Statt gewagter oder scharfsinniger Kombinationen folge man lieber den Winken, die die Sprache selbst erteilt. Aus lit. *barzda* = slav. *borda* 'Bart' konnte man ersehen, daß *zd* und *d* wechseln, der lit. Ort *Lida* ist vielleicht nur = *lizdas* 'Nest' (vgl. poln. *Gniezno* 'Gnesen' zu *gnězdo* 'Nest') und es zeigt sich dann bei schärferem Zusehen, wie *zd* und *z*, *zd* und *zg*, *zg* und *z* mit einander abwechseln, wie dadurch sofort Einsicht in sonst undeutbares gewonnen wird.

Und es gibt noch andere, vorläufig 'rätselhafte' Erscheinungen, die mit den 'Lautregeln' nicht in Einklang zu bringen sind und mit denen doch als etwas Faktischem gerechnet werden muß, z. B. der Wechsel im Litauischen von *an* und *ai* in den Wurzelsilben, im Slavischen von *on* und *ou*; den litauischen Wechsel beachtete man nicht (*pabanga* = *pabaiga* 'Aufhören, Ende'; *sklandaũ* = *sklaidau* 'schweben'; *blaikszlyti* und *blankti* 'blaß werden' usw.); über den slavischen setzte man sich einfach hinweg, indem man die einschlägigen polnischen oder bulgarischen Beispiele als Entlehnungen aus dem Böhmischen und Russischen oder aus dem Serbischen (wo die *u* aus *u* mit *u* aus *ǫ* lautlich zusammenfallen) ausschaltete (pol. *chęć* und *chuć* 'Lust, *wnęk* und *wnuk* 'Enkel', *nędza* 'Elend' und *nuda* 'Langeweile', *pękać* und *pukać* 'knallen' usw.); wo dies absolut nicht anging, wie z. B. im altkirchenslav. *gnąsъ* neben *gnusъ* 'Ekel', half man sich, statt mit der Anerkennung eines weit und tief reichenden Vorganges, mit der Annahme, *ą* wäre veranlaßt "durch das vorhergehende *n* infolge Verspätung des Verschlusses der Gaumenplatte", als ob dies Palliativ für *tuka* und *łąka* 'Wiese' u. dgl. m. ausreichen könnte! So erklärt sich nun genügend das Auseinandergehen von lit. *raibas* 'bunt' und slav. *rębъ* dass., von lit. *laukas* 'Flur' und slav. *ǫka* dass. usw.

Und ebenso verhält es sich mit dem Wechsel von *r* und *l*, abgesehen von jeder Dissimilation, lit. *krykšti* und *klykšti* 'kreischen' (slav. *klik* und *krik* 'Geschrei') — vgl. lit. *garsas* 'Schall' (das allerdings mehrdeutig ist, auch zu *gerd-* 'hören' gehören kann) und slav. *golsъ* 'Stimme'; mit dem Wechsel der tenues und mediae (slav. *kruša* = lit. *kriauše* mit sekundärem *j*, s. o. — und *gruša* 'Birne'; slav. *kъlpъ* 'Schwan' = lit. *gulbė* dass.; slav. *dalь* 'Ferne' = lit. *toli* dass., wobei an dem slav. *d* das *d* von *dъlgъ* 'lang' gewiß ganz unbeteiligt ist usw.); mit dem Wechsel in der Stellung der Liquiden zwischen Konsonanten (lit. *burzdus* und *bruzdus* 'rührig', *siurbti* und *srebti* 'schlürfen' usw.); diese und andere ähnliche Schwierigkeiten mit den bequemen Mitteln der Entlehnung aus fremden Sprachen oder Dialekten oder durch Beeinflussung durch eigene Worte beheben zu wollen, geht auf die Dauer nicht mehr an. Mit anderen Worten: die litauische und slavische Sprachforschung haben vor allem das noch lange nicht ausgenützte sprachliche Material heranzuschaffen; während auf dem Gebiete der klassischen oder germanischen Sprachen durch die vorausgegangene intensive philologische Arbeit diese Vorbedingung geschaffen ist, sind wir auf lituslavischem Boden davon noch weit entfernt. Daher vor allem das Schwankende und Willkürliche in den gangbaren Zusammenstellungen, die auf Interessantes, nicht auf Wahres ausgehen (man erinnere sich z. B. an die Zusammenstellung von βάραθρον und lit. *pragaras* 'Hölle', einer bloßen Nachahmung von poln. *otchłań* 'Abgrund'); in Bernekers Etymologischem Wörterbuch kann man am bequemsten die Unzahl widerstreitender Deutungen überschauen, die, von vornherein ohne Aussicht auf Erfolg, für so viele slavische Worte vorgeschlagen wurden und werden. Diese vergleichende oder richtiger nur wurzelvergleichende Methode, die recht unfruchtbar scheint, muß vorläufig von der historischen Methode abgelöst werden, die jener den Boden vorbereitet, die den Zusammenhängen innerhalb der einzelnen Sprachgruppen sorgfältig nachgeht, neue Lauterscheinungen konstatiert, gewagten Hypothesen (z. B. eines Pogodin, der in einer Menge einfacher slavischer Worte Zusammensetzungen mit Wurzelnomina aufdeckte, von denen keine einzige haltbar ist; anderer, die mit alten Ablautsverhältnissen u. dgl. bei jungen Wörtern anstandslos operieren) jeden Boden entzieht. Denn wir sind noch immer recht weit entfernt von der bloßen Zusammenstellung des faktischen Materials, sogar für das Litauische, wo doch die Verhältnisse ungleich einfacher liegen als im Slavischen. So sind wir hier noch im Unklaren über die Behandlung einzelner Anlautsgruppen; einmal entspricht bloßes *s* dem slav. *sk*, z. B. *séna* 'Wand' = slav. *stěna* dass. (aus *skěna*, identisch mit *sěnь* 'Halle', *sěnь* 'Schatten', vgl. griech. σκιά und σκήνη; die beliebte Zusammenstellung des slav. *stěna* 'Wand' mit deutsch Stein ist aus sachlichen Gründen unhaltbar, beruht ebenso auf rein zufälligem Gleichklang, wie die von Milch und *melko*, von Kind und *čędo* u. a.); aber *šokti* 'springen' = slav. *skokъ* 'Sprung'; *szaukti* 'rufen' = **skyčati* 'bellen', *skowyk* 'Winseln' (nicht zu dem onomatopoet. *sykъ* 'Zischen') u. a.

Es ist also einmal exaktes Material noch zu beschaffen — freilich, auf eine Bereicherung unserer alten Quellen ist nicht mehr zu hoffen, nur Dialektologisches könnte noch massenhaft zugeführt werden, aber dieses gewährt nur dürftige Aufschlüsse. Dann muß verzichtet werden auf die bequeme Umgehung aller scheinbaren oder wirklichen Lautschwierigkeiten durch Annahme von Entlehnungen und Anlehnungen oder durch Aufstellung von besonderen Urlauten und ganz unwahrscheinlichen Lautvorgängen. Man vgl. z. B. lit. *lizdas* 'Nest' = slav. *gnězdo* dass. = lat. *nidus*; es geht nicht an, das *l* des alten lit.-lett. *lizdas* durch den Einfluß des *l* von *łasta* 'Hühnernest' zu erklären; das *g* von slav. *gnězdo* durch einen absolut unmöglichen Germanismus (*geniste*!) oder durch eine ganz unverständliche Anlehnung an *gnesti* 'kneten' oder *gnětiti* 'Feuer anzünden' zu beseitigen — hätte man sich noch wenigstens so ausgedrückt, daß mehrfaches *gn-*, *gm-* neben bloßen *n-*, *m-* im Slavischen auch zu einem *gnězdo* verführt hätte (ähnlich liegt es beim *k*-Anlaut); die Vokaldifferenz, die sonst auch häufig vorkommt, kann doch nicht durch ein willkürlich erfundenes idg. *gnoizdo-* : *gnizdo* entfernt werden. Allen derartigen Erklärungen gegenüber ist die Angabe "unerklärt" unbedingt vorzuziehen. Und wie hier mit dem vereinzelten Worte, verhält es sich auch mit ganzen Lauterscheinungen. Wir wissen nicht, warum d. h. unter welchen Bedingungen im Litauisch-Lettischen (nicht im Preußischen, noch nicht in den uralten Lehnwörtern im Finnischen), *ië* für oder neben *ai*, *ei* eintritt, alle Versuche einer Erklärung sind gescheitert, auch derjenige, diesen Vorgang von der Stellung unter dem Hochton oder gar von der Natur der folgenden Laute (mit Umkehr sonstiger Verhältnisse) abhängig zu machen, weil *gaidys*, *gaida* neben *giědoti* 'singen', *snaigała* 'Schneeflocke' neben *sniègas snaigyti* 'schneien', *gaidrus* neben *gièdrus* 'heiter' usw. das strikte Gegenteil erweisen; auch eine ganz willkürliche Annahme von Entlehnungen aus dem Slavischen half nichts. Und ähnlich verhält es sich mit dem Eintritt des bereits oben erwähnten *ů*. Das Preußische kennt diesen Laut gar nicht, er ist nur litauisch-lettisch und doch hat man seinetwegen einen besondern idg. Urlaut *å* angesetzt, der in allen idg. Sprachen verschwunden, nur im Baltischen (falsch, statt im Lit.-Lett.) erhalten wäre! Aber es handelt sich offenkundig um einen jungen Laut, der in Lehnwörtern aus dem Slavischen eintritt (*nůgtas* 'plötzlich'; *nůgas* 'nackt'), im Lettischen den Nasalvokal ersetzt usw. und eher auf eine Stufe mit jungen Lauten wie *ui* (in Lehnworten, *kuinas*, *guinioti* und sonst) gestellt werden könnte; die idg. Parentel ist jedenfalls abzulehnen für einen Laut unsicherster Herkunft und schwankendsten Verhaltens, der im Litauischen selbst dialektisch fortwährend wechselt. Wie der evident junge Laut *ië*, der für das Litauisch-Lettische nur den ersten Schritt auf dem Wege bedeutet, den das Slavische ganz zu Ende gegangen ist (Monophthongisierung aller Diphthonge), so könnte auch *ů* aufgefaßt werden, wenn es nicht auf doppelten Ursprung, aus *ō* (z. B. bei *dů-* 'geben' in einer Reihe von Bildungen; im Anlaute *ůsis*, *ůga*, *ůsti* u. a.) und aus *u*-Lauten, hinweisen würde.

Mit den gleichen Mitteln (Entlehnungen; Zerreißen des offenkundig Zusammengehörigen; Ansatz besonderer Grundformen) arbeitet man auch außerhalb der Lautlehre und natürlich mit gleichem Mißerfolg. Oben haben wir gegenüber morphologischen Übereinstimmungen phonetische Schwierigkeiten mit einem einfachen 'ungelöst' beiseite geschoben und dasselbe gilt für Etymologie oder Stammbildung. Slav. *nozdri* 'Nüstern' ist mit lit. *nas(t)rai* dass. identisch, ohne alle Rücksicht darauf, ob die phonetische Schwierigkeit zu lösen ist oder nicht, ohne Rücksicht auf die bisher vorgeschlagenen vier oder fünf ganz verschiedenen, aber gleich unmöglichen Deutungsversuche (Ansatz eines konsonantischen Stammes *nos-*, eines besonderen Suffixes *-dhro* usw.). Das *z* von slav. *bojaznь* 'Furcht', *prijaznь* 'Freundschaft' usw. gegenüber dem eigenen *s* in *pěsnь* 'Gesang', *basnь* 'Erzählung', *vasnь* 'Streit' usw., gegenüber dem ständigen lit. *s*, kann unmöglich davon getrennt, durch einen Germanismus (in *prijaznь* gleich *friazno*, der dann ansteckend gewirkt hätte!) erklärt oder als Konglutinat eines *z*-Suffixes (aus *ĝ*, dem Slaven nb. ganz unbekannt!) + *n* gefaßt werden; wir sehen nur, daß das jüngere *-znь* (*žiznь* usw.) sich auf Kosten des älteren *-snь* ausbreitet, etwa wie *-dlo* für ursprüngliches *-tlo* eingetreten ist, verweisen auf dieses Beispiel ebenso wie auf *nozdri* und lassen alle phonetischen Bedenken gegenüber der offenkundigen Suffixidentität zurücktreten, die Lösung des phonetischen Rätsels getrost der Zukunft überlassend; zudem vergesse man nicht, daß bei sprachlichen Erscheinungen jeglicher Art ihre bloße Registrierung auch schon die einzig mögliche Deutung mit sich zu bringen vermag.

II.

Albanisch.

Von

Norbert Jokl.

Die Sprache der Albaner oder Škipetaren ist bis heute ein Stiefkind der idg. Sprachwissenschaft geblieben. Während auf dem Gebiete mancher Schwestersprache eine unermüdliche Schar von Forschern in eifrigem Wettbewerbe fast alle Probleme, die Sprachgeschichte und Sprachbeschreibung bieten, förderten und vielfach der Lösung zuführten, harren auf dem Gebiete des Albanischen noch außerordentlich zahlreiche Aufgaben ihrer Lösung. Dort ein nahezu vollendeter Bau, hier ein Gebäude, das an einzelnen Punkten in Angriff genommen und erfreulich aufwärts gediehen, an anderen Stellen aber noch kaum in seinen Grundlinien sichtbar ist. Die Ursachen für diese noch immer nicht allzuweit vorgedrungene Erforschung des Albanischen sind innerer und äußerer Natur; sie liegen im Zustande der Sprache selbst, ihrer Abgeschliffenheit, ihrer Durchsetzung mit fremden Elementen, in der verhältnismäßigen Jugend ihrer Denkmäler, die erst mit dem sechzehnten Jahrhundert beginnen; die äußeren Umstände, die einer intensiven Durchforschung des Albanischen bisher hemmend in den Weg traten, sind nichts anderes als eine Teilerscheinung der allgemeinen kulturellen Rückständigkeit des Landes, das einer systematischen Dialektforschung, einer gründlichen Sammlung des Wortvorrates und anderen Aufgaben dieser Art die mannigfachsten sozialen, technischen und hygienischen Schwierigkeiten entgegenstellt.

Es möge gestattet sein, durch einen Blick auf

Land und Volk der Albaner,

durch knappe Bemerkungen über

die äußeren Geschicke der Sprache und ihre Denkmäler

diese einleitenden Andeutungen des näheren zu begründen. Das Škipetarenvolk, dessen Sprache an der Ostküste der Adria etwa zwischen dem 39. und 42. Breitengrad — an den äußersten Randpunkten dieser Zone freilich nicht allein — herrscht, nach Nordosten bis in die Gegenden des Amselfeldes und des westlichen Mazedoniens (Kumanovo, Kačanik, Tetovo, Üsküb, Monastir) hin gesprochen wird, sich im Süden und Südosten, von Santi Quaranta an bis zum Grammosgebirge mit neugriechischem Volkstum und Sprachgebiet berührt, endlich an Kastoria vorüber bis hin zu den Gestaden der mazedonischen Seen von Prespa und Ochrida und bei Dibra den bulgarischen Dialekten Mazedoniens benachbart ist, bietet nicht nur dem Sprachforscher lockende Probleme. Wer die hier in Umrissen umschriebenen Grenzen des albanischen Sprachgebietes mit eindringenderer Gründlichkeit kennen lernen will, als sie der sparsam gezogene Rahmen dieser Skizze ermöglicht, der mag sich aus den Werken von J. G. v. Hahn (Albanesische Studien, Wien, 1853), E. Barbarich (Albania, Rom, 1905), Weigand (Die Aromunen, 1, Leipzig, 1895), den ethnographischen Karten von Kiepert (neu aufgelegt 1912), C. Sax (Mitteilungen der Geographischen Gesellschaft in Wien 1878), vielleicht auch aus der mit größter Vorsicht zu benützenden, stark tendenziösen kartographischen Darstellung von Cvijić (Petermanns Mitteilungen 1913) Rats erholen; er wird daraus ersehen, wie verwickelt die Lagerung der Sprachen und Völker in manchen Grenzgebieten (Amselfeld, nordwestliches Mazedonien, Novi Bazar, Küste des Jonischen Meeres) ist und wie sehr Jahrhunderte langer, unaufhaltsamer Expansionsdrang albanischer Schwärme solchen Gebieten das Gepräge eigener Volksart allmählich aufzudrücken vermochte. Hat doch dieser kriegerische Sinn der unverbrauchten Söhne Albaniens im Verein mit dem wechselvollen Spiel byzantinischer Politik albanisches Volkstum und albanische Sprache bis tief hinein nach Hellas geführt, ihm Landschaften, die der Hauch klassischer Erinnerungen verklärt, wie Attika, Megara, den Helikon, Böotien, Argolis und Messenien, ja auch Inseln wie Salamis, Ägina zum Teile erschlossen. Aber auch außerhalb der Hämushalbinsel, insbesondere in Italien und Sizilien, wurden zahlreiche albanische Ansiedlungen begründet, deren älteste bis in die Mitte des 15. Jahrhunderts zurückreichen. In dem so umgrenzten Gebiete des eigentlichen Albanien, das für den Sprachforscher mit der in der diplomatischen Retorte gebrauten Schöpfung von 1913 freilich nicht identisch ist, haust ein Volk von rauher Sinnesart. Entwicklungsstufen gesellschaftlicher Gliederung, wie sie alle Völker, auch die in Bildung und Gesittung zuhöchst stehenden des mittleren und westlichen Europas, durchliefen, sind hier, namentlich in den nördlichen und mittleren Teilen, unberührt vom Wandel der Zeiten, erhalten. Ethnologie und Rechtshistorie finden so ihre Urkunden in lebendiger Wirksamkeit. Hier herrscht Sippenverfassung mit ihrer notwendigen Begleiterscheinung: strenger Bindung des Einzelnen und ehrfürchtig gewahrter patria potestas, Blutrache und Wergeld, Fehdepflicht und Landfrieden (Besa); keine staatliche Satzung, kein von der landesfürstlichen Obrigkeit bestelltes Gericht sorgt für Wahrung von Leben, Freiheit, Eigentum: die Sippe ist die oberste Hüterin der Rechtsordnung. Sie bedient sich nach Urväterart der erwähnten Einrichtungen, ganz wie die Deutschen der Karolingerzeit, ja auch des Mittelalters, die Angelsachsen in den Zeiten ihrer Könige. Hier gibt es in weiten Teilen des Landes keinen gebahnten Weg, keine Brücke (wiewohl sie nicht gänzlich fehlen). Auf Einbäumen und geblähten Ziegenhäuten werden Flüsse überquert; und wenn die weithin versumpften Flüsse der Niederung ihre Fluten über die Ufer ergießen, ruht für Wochen jeder Verkehr. Daß die Sprache, das vornehmste Werkzeug sozialen und völkischen Zusammenschlusses, von solchen sozialen Zuständen nicht unbeeinflußt blieb, liegt auf der Hand. Die reiche Menge mundartlicher Differenzierung steht wohl in ursächlichem Zusammenhange mit einer gesellschaftlichen Gliederung, die zu einem einheitlichen und straffen staatlichen Verbande noch nicht gelangt ist und mit diesem Zustande des Verkehrs, der das Gebiet des Nachbarstammes als eine fremde oder gar feindliche Welt betrachten lehrt. Gewiß hat aber auch die natürliche Gestaltung des Bodens an dieser Vielfältigkeit der Mundarten ihren Anteil. Ist doch Albanien das Land schroffer morphologischer und klimatischer Gegensätze: vom Küstenstreifen mit seinem ozeanischen Klima und seiner mittelländischen, an vereinzelten Stellen üppigen Vegetation bis zu den Schneefirnen der nordalbanischen Alpen und des dem Albaner heiligen Tomorrgebirges im Süden, zu den größeren Flußtälern in der Mitte des

Landes stoßen hier in enger räumlicher Begrenzung die verschiedensten Klimate und Floren aneinander. Und dabei sind die Hochgebirge Albaniens nicht etwa wie die Alpen von weiten, Gesittung und Verkehr fördernden Flußtälern durchschnitten, sondern lassen in ihrer Unwegsamkeit nur spärlichen Raum für menschliche Siedelung und das sänftigende Schaffen des Pflügers. Ja selbst die Mittelgebirge zeigen nicht reichere Besiedelung. Zersplitternde gesellschaftliche Gruppenbildung und vielgestaltige Dialektgliederung geht wohl auch dieser Beschaffenheit der Erdoberfläche parallel. Immerhin ordnen sich alle die mannigfaltigen örtlichen Mundarten der Gebirgstäler, Küstenstriche und Flußlandschaften zwei großen Dialektgemeinschaften ein, der gegischen im Norden und in der Mitte des Landes, der toskischen im Süden. Als Grenze gilt der Volksmeinung der Fluß Škumb. Doch reicht das gegische Gebiet stellenweise über diese Linie hinaus, nach Süden. Wie immer nun auch die Unterschiede zwischen Gegisch und Toskisch zu beurteilen sind — und im Verlaufe dieser Ausführungen wird darüber noch zu sprechen sein —, auf jeden Fall schießt die öfter gehörte Behauptung, die mundartlichen Verschiedenheiten von Gegisch und Toskisch seien etwa denen von Schwedisch und Deutsch gleich, weit über das Ziel. Zutreffender ist v. Hahns Ansicht, der das Verhältnis der beiden albanischen Dialektgruppen dem von Ober- und Niederdeutsch vergleicht. — So eigenartig die Gestaltung des albanischen Bodens auch ist, so rauh und trotzig das Land dem Fremden sich verschließt, diese Tatsachen haben es nicht zu verhindern vermocht, daß seit den Zeiten des Altertums ununterbrochen fremde Eroberer darüber hinzogen. Hier folgten einander die Herrschaftsperioden der Römer, Goten, Slaven (Serben und Bulgaren), Byzantiner, Türken, und nur ein kurzes, aber ruhmvolles Heldenzeitalter staatlichen Eigenlebens war dem albanischen Volke im 15. Jahrhundert unter dem Nationalhelden Skanderbeg gegönnt. Dennoch war die Herrschaft dieser Eroberer nicht sonderlich intensiv. Was die Zeitgenossen bei der eben erst beseitigten Türkenherrschaft beobachten konnten, daß sie nämlich auf die innere Gestaltung des Lebens des Volkes, Sippenverfassung und Gesellschaftsgliederung mit allen ihren tiefgreifenden Wirkungen keinen allzu bedeutenden Einfluß übte, das dürfte — wenigstens bis zu einem gewissen Grade — auch für frühere Eroberungen gelten. Gänzlich verfehlt wäre es aber, den Einfluß der fremden Eroberer, namentlich des lateinisch-romanischen Elements, zu leugnen oder auch nur zu unterschätzen. Und so hat die Sprache, insbesondere ihr Wortschatz, Reste aller dieser Einflüsse bewahrt: den wechselnden kriegerisch-bürgerlichen Beziehungen sind in entsprechender Folge Schichten von Lehnwörtern zugeordnet. Ist man aber befugt, wegen dieses außerordentlich musivisch zusammengesetzten Wortschatzes das Albanische eine Mischsprache zu nennen, insonderheit es als halbromanische Mischsprache zu bezeichnen? Es ist dies eine noch weiter unten zu erörternde Streitfrage, die der Verfasser dieser Zeilen verneinen zu sollen glaubt. Ist es doch die das gesamte grammatische Gefüge, die Wortabwandlungen und Satzfügungen ergreifende fremde Beeinflussung, die die Anwendung des Begriffes 'Mischsprache' rechtfertigt. Denn Sprachmischung im weiteren Sinne hat ja überall stattgefunden; und Nachweise für diese Art von Sprachmischung im technischen Sinne sind in zwingender Weise nicht erbracht. Allein, man mag sich zu dieser Frage wie immer stellen, für den Sprachforscher besitzen die im Albanischen nachgewiesenen fremden Bestandteile vermöge ihrer durch äußere Umstände ermöglichten Datierbarkeit die Bedeutung von chronologischen Behelfen für das Albanische selbst. Und wie wichtig ist ein solcher Leitfaden dort, wo, wie im Albanischen, eigentliche Sprachdenkmäler uns erst spät das Dunkel der Sprachgeschichte zu erhellen beginnen. Man war im allgemeinen bisher gewohnt, die ältesten albanischen Sprachdenkmäler in das 17. Jahrhundert zu versetzen. Dabei vergaß man allerdings die im griechisch-unierten Priesterseminar zu Palermo aufbewahrte Bibelübersetzung des Dom Ǵon Buzuk zu erwähnen, die aus dem Jahre 1555 stammt. Schon die Schriften italisch-albanischer Schriftsteller wie Guzzetta, Parrini geben angeblich kurz vom Vorhandensein dieser Handschrift Kunde (ohne daß jedoch der Schreiber dieser Zeilen imstande gewesen wäre, die hierauf bezüglichen Bemerkungen dieser Schriftsteller einzusehen). Mehr erfuhr man über sie durch ein Schreiben des griechisch-unierten Bischofs von Palermo, Monsignore Paolo Schirò an den Herausgeber der amerikanisch-albanischen Zeitschrift 'Flamuri' ('Dielli') (Boston Mass., 18. März 1910, Nr. 5); die Veröffentlichung eines ganz kleinen Teiles ihres Inhaltes (Blatt 58, Spalte 2, Zeile 6—33, das Könige 3, Kap. 17, Vers 17—24 enthält) in der Zeitschrift 'Tomorri' (Elbasan 1910, Nr. 12 v. 30. Juni) ermöglicht es auch, zu einem vorläufigen Urteil über die gegische Sprache des Denkmals zu gelangen. Daß es Züge aufweist, die die Sprachwissenschaft für ein älteres Stadium der Sprache aus Eigenheiten mancher lebender Dialekte erschlossen hat, braucht nicht besonders erwähnt zu werden. Freilich werden wir über Wert, Entstehung, Abfassungszeit und lokale Fixierung des Denkmals erst dann völlige Klarheit erlangen, wenn eine vollständige, allen philologischen Anforderungen entsprechende Ausgabe des Denkmals vorliegt. Mons. P. Schirò selbst hat eine Edition bereits 1913 angekündigt (in der Zeitschrift 'Fiala e t'in Zot', Jhrg. 1, Nr. 47). Ist also unser Wissen vom Albanischen aus der Mitte des 16. Jahrhunderts vorläufig noch ein recht bescheidenes, so sind wir durch einen glücklichen Fund aus der Vaticana für das Ende des 16. Jahrhunderts schon in günstigerer Lage. M. La Piana (wohl Pseudonym für G. Petrotta in Piana dei Greci) entdeckte im Cod. Barber. latin. 3454 eine Übersetzung des Katechismus ins Albanische. Die Übersetzung, die in drei Bearbeitungen vorliegt, stammt von Luca Matranga und ist aus Piana dei Greci, 20. März 1592 datiert. Der albanische Text und der italienische Wortlaut des Katechismus wurde, mit einer dankenswerten Einleitung und mit Anmerkungen versehen, vom Entdecker der Handschrift in der Zeitschrift Roma e l'Oriente 1912, Jhrg. 2, Heft 18—23 und auch im Sonderabdruck (Il catechismo albanese di Luca Matranga, Grottaferrata, 1912) veröffentlicht. Die Sprache weist im allgemeinen die Züge der heutigen albanisch-sizilischen Mundart auf. Das Schicksal, der Aufmerksamkeit der wissenschaftlichen Welt, Bibliographen wie Sprachforschern, fast ganz entgangen zu sein, teilt mit den vorgenannten, bis vor kurzem nur handschriftlich erhaltenen Denkmälern auch ein Druck aus dem Jahre 1621: Speculum Confessionis, in Epiroticam linguam a Pietro Budi episcopo Supatense e Sardanense translatum. Romae, 1621. Es ist ein Beichtspiegel, der von dem auch sonst um seine Muttersprache verdienten, aus einem Dorfe bei Kruja stammenden Peter Budi ins Albanische übersetzt wurde. Das Buch ist von äußerster Seltenheit. Ein Exemplar hat der Schriftsteller Faik Bey Konitza, Herausgeber der Zeitschrift 'Albania', auf der Bibliothèque Mazarin in Paris festgestellt. Was uns an Sprachresten aus der Zeit vor dem 16. Jahrhundert überliefert ist, verdient kaum den Namen 'Sprachdenkmäler'. Immerhin bietet für die Sprache des ausgehenden 15. Jahrhunderts eine kleine Wortliste, die sich in dem Buche 'Die Pilgerfahrt des Ritters Arnold von Harff von Cöln ...., wie er sie in den Jahren 1496 bis 1499 vollendet ... hat' (hg. von E. v. Groote, Cöln, 1860), wiederabgedruckt bei G. Meyer, Alb. Studien, 2, S. 4—5 ein wertvolles Zeugnis. Dieses Zeugnis überragt noch um einige Jahrzehnte eine aus dem Jahre 1462 stammende kurze Taufformel, die in einer lateinischen Handschrift der Laurentiana gefunden, von N. Jorga in 'Notes et extraits pour servir à l'histoire des Croisades au XVième siècle', IVième série, Bukarest 1915, S. 194 f. erwähnt wird. Die albanischen Schriftsteller P. Berati und Lumo Skεndo (Midhat Bey Frašεri) haben dieses alte Zeugnis ihrer Muttersprache wieder abgedruckt (Tribuna Albano-Românǎ Nr. 7, Mai 1916, Diturija, Bd. 2, Nr. 1, S. 5). Mit Harff ungefähr gleichaltrig dürfte eine Trauformel sein, die G. Crispi in seiner Schrift 'Memorie storiche di talune costumanze appartenenti alle colonie greco-albanesi di Sicilia', Palermo 1853, S. 88, 89 mitteilt. Nach Crispi stammt diese Trauformel, die alle Merkmale des gegischen Dialektes an sich trägt, aus der Zeit um 1500. Sie wurde vom Erzbischof von Üsküb D. Giovan Battista Nicolovich Casasi überliefert und von P. Giorgio Guzzetta einer der Propaganda gehörigen Handschrift entnommen. Im übrigen sind wir für die ganze Zeit von der ersten Erwähnung der Albaner im Mittelalter (Michael Attaliota 1040—1043) bis auf die eben erwähnten Zeugnisse auf die spärlichen gelegentlichen Nennungen albanischer Namen und Wörter in lateinisch-romanischen, slavischen und griechischen Urkunden angewiesen. Erst mit dem 1635 erschienenen Dictionarium latino-epiroticum una cum usitatioribus loquendi formulis per Franciscum Blanchum, Romae 1635 beginnt die übrigens noch recht dürftige Reihe älterer Denkmäler, die bekannter wurden. Die albanisch geschriebene Vorrede dieses kleinen Wörterbuches (222 S. kl. 8°) ist mit Frangu i Bardε unterzeichnet. Der Name des lat. Titels ist also eine Übertragung des alb. Namens (der 'weiß' bedeutet). Der schon erwähnte Peter Budi ließ 1664 in Rom zu Zwecken der Propaganda eine Übersetzung des in der Kirche so berühmten Katechismus von Bellarmin erscheinen (Dottrina christiana ... Dal R. P. Roberto Bellarmino ... Tradotta in lingua albanese dal Rev. Don Pietro Budi da Pietra Bianca). Entsprechend der Herkunft Budis ist auch diese Schrift im gegischen Dialekt abgefaßt, wie ja überhaupt, abgesehen von den Denkmälern der alb. Kolonien Italiens, alles, was an älteren Sprachdenkmälern vorhanden ist, den katholischen Gegen Nordalbaniens zu danken ist. Inhaltlich, schriftstellerisch und sprachlich am höchsten steht in dieser Literatur das Werk des Peter Bogdan: Cuneus prophetarum de Christo salvatore mundi et eius evangelica veritate, italice et epirotice contexta et in duas partes divisa, Patavii, 1685. Die 1691 in Venedig erschienene Schrift desselben Verfassers: L'infallibile Verità della Cattolica Fede stimmt bis auf das Titelblatt mit dem Cuneus prophetarum überein. Bogdan, als Sproß eines vornehmen Geschlechtes in Gur (Sandžak Dukadžin, Diözese Prizren) geboren, wurde Bischof von Skutari und hernach auf den erzbischöflichen Stuhl von Üsküb berufen; ein Mann von gründlicher scholastisch-theologischer Bildung, in den klassischen und einer ganzen Reihe von orientalischen Sprachen wohl bewandert, hinterließ er ein Werk, das nicht eine bloße Übersetzung ist, sondern das weitläufige Gebäude der Gottesgelehrtheit und der biblischen Geschichte in einer Sprache vorführt, die stilistische Gewandtheit und vorbildliche Reinheit vereinigt; für eine literarisch so wenig durchgebildete Sprache, wie es die albanische seiner Zeit war und heute noch ist, gewiß eine erstaunliche Leistung. Unter dem Papste Clemens XI., der selbst albanischer Herkunft war, wurde 1703 ein albanisches Provinzialkonzil abgehalten, dessen Beschlüsse 1706 in albanisch-gegischer Sprache erschienen: Conciλi provintiaaλi o cunvendi i Arbenit, Romae. Der Missionar Francesco Maria da Lecce lieferte mit seinen Osservazioni grammaticali nella lingua albanese, Rom, 1716 die erste, auf dem gegischen Dialekt fußende grammatische Darstellung der Sprache, die in Vaters Vergleichungstafeln (Halle 1822) im Auszuge abgedruckt wurde. Den Inhalt einer in Chiëuti (in der Capitanata in Unteritalien) gefundenen Handschrift, deren Entstehung in das Jahr 1737 zurückreicht, stellen drei Veröffentlichungen M. Marchianòs dar: 1. Canti popolari albanesi delle colonie d'Italia, Foggia, 1908. Die hier mitgeteilten Volkslieder stimmen zum Teil mit Liedern früherer Sammlungen (Basile, Vigo, Dorsa, De Rada: Rapsodie d'un poema albanese, Florenz 1866, Camarda, Biondelli) und solchen der neuesten Sammlung von A. Scura: Gli Albanesi in Italia, New York [1912] überein. Doch kann sich Marchianòs Sammlung auf eine datierte Handschrift stützen. Zweifellos beruhen übrigens diese Lieder inhaltlich auf einer Überlieferung, die weitaus älter ist als das 18. Jahrhundert. 2. Poesie sacre albanesi, Neapel 1908 und 3. ein Katechismus Il cristiano albanese, veröffentlicht in der römischen theologischen Zeitschrift 'Bessarione', Jhg. 15, Bd. 27, 185—217. Der Autor der geistlichen Lieder und des Katechismus ist Don Nicola Figlia, Erzpriester von Mezzoiuso in Sizilien. Dem 18. Jahrhundert und den albanischen Kolonien Italiens gehört auch die erste albanische Kunstdichtung an: es ist Varibobas Ǵeła e Šɛn Mɛrijs Virǵɛr, Rom, 1762, ein poetisches Marienleben, wieder abgedruckt in V. Librandis Grammatica albanese (Manuali Hoepli, Nr. 253, 254), Mailand, 1897. Fügen wir noch die beiden kleinen Glossare: Kavalliotis, Πρωτοπειρία, Venedig, 1770 (wieder abgedruckt in Thunmanns Untersuchungen über die Geschichte der östlichen europäischen Völker, Leipzig, 1774, und in G. Meyers Alb. Studien, Heft 4) und Daniel, Εἰcαγωγικὴ διδαcκαλία, Moschopolis 1770 hinzu, so haben wir alles Wesentliche, was als Sprachquelle für die Zeit bis zum Beginn des 19. Jahrhunderts nach dem heutigen Stande der Kenntnisse in Betracht kommen kann, angeführt. Allerdings führt der italisch-albanische Schriftsteller G. Crispi (Memoria sulla lingua albanese = Opuscoli, S. 127 Anmerk.) noch zwei ältere handschriftlich überlieferte Wörterbücher an, die in der Bibliothek des gr.-alb. Seminars verwahrt seien: eines von Catelano, Erzbischof von Durazzo, und ein anderes von Nicolò Chetta. Aus der letzteren Schrift führt er einige ganz kleine Proben an. Eine genauere Einordnung dieser Schriften in die Reihenfolge der Sprachdenkmäler ist jedoch zurzeit unmöglich, da über Inhalt und genauere Abfassungszeit bisher nichts Näheres bekannt ist. Der erstgenannte dieser Autoren, Catelano, starb 1694. Um die wissenschaftliche Verwertung dieser Schriften hat sich G. Meyer vergeblich bemüht.

Die Frage,

wer sind die Albaner?

wie ist ihre Sprache wissenschaftlich einzureihen? beschäftigt die

Forschung seit Begründung der Sprachwissenschaft. Ja schon lange vor dem Auftreten Bopps, also zu einer Zeit, da das Rüstzeug zur Untersuchung dieser Probleme noch nicht geschmiedet war, beschäftigt sich das Genie eines Leibniz, der in seinem Jahrhundert und im Anfange des neunzehnten einige Nachfolger fand, mit dieser Frage. Es ist hier nicht der Ort, auf diese vorsprachwissenschaftlichen Versuche des näheren einzugehen. Nur kurz sei bemerkt, daß Leibniz in seinem gelehrten Briefwechsel wiederholt auf die Frage der sprachlichen Verwandtschaft des Albanischen zu sprechen kam (so in Briefen an Jean Chamberlayn, an Veyssière La Croze, in den 'Desiderata' an Podestà) und eine Verwandtschaft mit dem Keltischen und Germanischen annahm. Dem Hallischen Historiker Joh. Thunmann, dessen 'Untersuchungen über die Geschichte der östlichen europäischen Völker', Leipzig 1774, in ihrem Scharfblicke und ihrer Bedeutung erst von der Wissenschaft des neunzehnten Jahrhunderts gewürdigt werden konnten, gelten die Albaner wesentlich aus historischen Gründen als Nachkommen der alten Illyrier, ein Gedanke, den auch Leibniz in einem der erwähnten Briefe andeutete. Auf Leibniz und Thunmann stützt sich in der Hauptsache Malte-Brun, der der Frage nach Volksart und Sprachverwandtschaft der Albaner im 3. Bande seiner Annales des voyages (Paris, 1809) eine gehaltvolle zusammenfassende Erörterung widmet. Wie merkwürdig mutet neben diesen Anschauungen die Lehre Adelungs an, der das Albanische von den tatarischen Bulgaren oder von einem Stamme östlich des Schwarzen Meeres herleitet! Malte-Brun hatte auch bereits eine ungefähre Vorstellung von der Verwandtschaft der europäischen Sprachen unter einander. Diese besonders seit den wissenschaftlichen Errungenschaften des ausgehenden achtzehnten Jahrhunderts mehr und mehr verbreitete Vorstellung zum Range einer wissenschaftlich begründeten Erkenntnis erhoben zu haben, ist der Ruhm und das Lebenswerk Franz Bopps. Eine neue Wissenschaft, die vergleichende idg. Sprachwissenschaft war erstanden, und damit waren auch für die Lösung des albanischen Problems neue Kriterien geschaffen. Freilich hat Bopp das Albanische erst gegen Ende seiner Wirksamkeit in den Kreis seiner Forschungen einbezogen. Es kann daher nicht wundernehmen, daß gerade auf Grund der von Bopp errungenen Erkenntnisse die Frage aufgeworfen wurde: Ist das Albanische eine idg. Sprache? Hatte doch diese Frage erst nach Bopps Auftreten Sinn und Ziel. Schon J. v. Xylander bejahte diese Frage (Die Sprache der Albanesen, Frankfurt a. M. 1835, S. 311), und Aug. Schleicher, der in seiner Schrift Die Sprachen Europas (Bonn, 1850) mit Entschiedenheit die gleiche Ansicht verfocht, verwies in knappen, jedoch methodisch unanfechtbaren Ausführungen auf das Deklinations- und Konjugationssystem, die Zahlwörter usw. Ihm gesellte sich G. Stier zu, der aus einer eingehenderen Analyse der Zahlwörter und des Verbum substantivum den idg. Charakter des Albanischen erschloß. (Allg. Monatsschrift f. Wissensch. u. Liter. 1854). Allein neben dieser allzu fragmentarischen Behandlung des Gegenstandes war eine tiefer eindringende, umständlichere Untersuchung geboten. Sie nach denselben bewährten Grundsätzen, die im Konjugationssystem inauguriert, in der Vergleichenden Grammatik weiter angewendet worden waren, durchzuführen, blieb Bopp selbst vorbehalten. Seine Schrift Über das Albanesische in seinen verwandtschaftlichen Beziehungen (Abhandl. d. Preuß. Ak. der Wiss., Phil.-hist. Kl. 1854) war wohl geeignet, jeden Zweifel an der Zugehörigkeit des albanischen zum idg. Sprachstamm zu zerstreuen. Indes war diese Anschauung noch weit davon entfernt, wissenschaftliches Gemeingut der Zeitgenossen Bopps zu werden. Ja selbst Bopps großer Mitforscher, A.F. Pott, sprach in einer nicht allzu präzisen Wendung dem Albanischen, gleich wie dem Keltischen und Armenischen, "ein dem Indogermanismus abgewandteres Gesicht" zu — trotz vieler Indogermanismen, die ihm eignen (Blätter f. liter. Unterhaltung, 1854, S. 409 ff.) und hielt noch Jahrzehnte später, zu einer Zeit, als die albanischen Studien bereits ihren wichtigsten Förderer, G. Meyer, gefunden hatten, an dieser Ansicht fest. Den unleugbar idg. Charakter der albanischen Zahlwörter sucht er ohne Grund durch Entlehnung, besonders aus dem Slavischen, zu erklären, während er den Grundstock der Sprache, freilich nur vermutungsweise und ohne Anführung irgendwelcher sprachlicher Argumente, als letzten Rest eines ganz Südosteuropa umfassenden, auch nach Italien und Kleinasien hinübergreifenden illyrisch-pelasgischen Sprachstammes betrachtet. (Zur Literatur der Sprachenkunde Europas, Leipzig, 1887). Nur als eines Kuriosums sei des Widerspruches Benloews gedacht, der, fast ein Vierteljahrhundert nach Bopp, in zwei methodisch völlig verfehlten Schriften: La Grèce avant les

Grecs (1877), Analyse de la langue albanaise (1879) die haltlose These zu verfechten sucht, das Albanische entferne sich beträchtlich von der idg. Sprachgruppe, habe hingegen Berührungen mit dem Finnischen und Tatarischen. Für diese Werke war der scharfblickende Rat eines Leibniz, bei der Beurteilung des Albanischen die heimischen Elemente von den entlehnten zu sondern, vergeblich erteilt. — Im Unterordnungsverhältnisse zur eben erörterten Frage steht die andere, zu welcher der aus dem Idg. erwachsenen Sprachfamilien das Albanische in näherer Verwandtschaft stehe. Bopp beantwortet diese Frage in kritisch-vorsichtiger Weise, wenn er lehrt, die albanische Sprache "stehe in ihren Grundbestandteilen mit keiner der übrigen Sanskritschwestern unseres Erdteiles in einem engeren oder gar in einem Abstammungsverhältnis." Bopp hatte mit dieser Ansicht in die Lehre seines glänzenden jüngeren Zeitgenossen Aug. Schleicher Bresche gelegt, der die albanische Sprache aus dem "pelasgischen Familienpaar" (griechisch, italisch) herzuleiten und sie des näheren der griechischen Familie beizuzählen suchte. Diese Lehre, die mehr zu geben schien als Bopps kritische Theorie, fand auch noch nach Veröffentlichung von Bopps Schrift Anklang. Selbst Männer, deren Verdienste um die Erforschung des Albanischen und besonders um die Kenntnis seiner sprachlichen Tatsachen nicht zu leugnen sind, wie G. Stier (KZ. 11, 253) und D. Camarda huldigten ihr (Saggio di grammatologia comparata sulla lingua alb., Livorno 1864). Daß durch Aufstellung des Begriffes der idg. Sprachen durch Bopp die Thunmann-Malte-Brunsche Ansicht von der illyrischen Herkunft des Albanischen nicht berührt war, ist klar. Und so fand diese aus der vorsprachwissenschaftlichen Zeit stammende Lehre auch weiterhin zahlreiche Anhänger, so bei den Historikern Niebuhr und Fallmerayer (Das albanische Element in Griechenland, Abh. d. bayr. Ak., III. Kl., Bd. 8), bei den Philologen und Linguisten: Kopitar (Wiener Jahrbücher d. Liter., 46, 85), Benfey (Göttinger Gel. Anz. 1855, 539), Miklosich (Denkschr. d. Wiener Ak., Phil.-hist. Kl., 12, S. 4 ff.), Diefenbach (Völkerkunde Osteuropas, I, 72) und bei den speziellen Erforschern Albaniens wie Leake (Researches in Greece) und J. G. v. Hahn (Alban. Studien, Wien, 1853, 1, 213 ff.). Hahn war der erste, der in die Lösung der Frage einen wirklichen methodischen Fortschritt brachte, indem er Teile des aus dem Altertum überlieferten illyrischen Ortsnamenmaterials aus albanischen Sprachmitteln zu erklären versuchte, ein Verfahren, das prinzipiell richtig, Hahn selbst in einzelnen Fällen zu richtigen Ergebnissen führte. Freilich glaubte Hahn auch noch den nebelhaften Begriff der Pelasger in sein Urteil über die Abstammungsfrage einführen zu sollen, indem er das Illyrische dem Pelasgischen gleichsetzte. Der Meister albanischer Sprachwissenschaft, Gustav Meyer, war, wie sich von selbst versteht, kritisch genug, dieses Beiwerk zu beseitigen und im übrigen in vorsichtiger Weise das Albanische als eine jüngere Epoche der alten illyrischen Mundarten zu bezeichnen (Gröbers Grundr. d. rom. Philologie, 1. Aufl., 1, 804, 2. Aufl. bearb. von W. Meyer-Lübke, 1, 1038). Durch Heranziehung des in Inschriften erhaltenen Messapischen, eines nach Italien verpflanzten Zweiges des Altillyrischen, vermochten, nachdem bereits Stier und G. Meyer in einzelnen Fällen den Weg gewiesen, S. Bugge (BB. 18, 193 ff.) und in besonders umfassender Weise P. Kretschmer (Einleit. i. d. Gesch. d. griech. Spr., S. 262 ff.) neue Beweisgründe für das Illyriertum der Albaner zu ermitteln. Kretschmer war es auch, der das Verhältnis des Albanischen zur Sprache der Veneter, eines nach antiker Tradition illyrischen Volksstammes, einer kritischen Prüfung unterzog und darnach dem Venetischen, namentlich wegen seiner Zugehörigkeit zu den Centum-Sprachen, die besondere Stellung eines nordillyrischen Dialekts gegenüber dem Südillyrischen (wozu auch das Albanische) zuwies, während Pedersen (KZ. 36, 300 f.) noch weiter geht und die Zugehörigkeit des Venetischen zum Illyrischen überhaupt, und wohl mit Recht bestreitet. Den von Hahn gewiesenen Weg, altillyrische Ortsnamen mit den durch das Albanische gebotenen Mitteln zu erklären, beschritt neuerdings mit Erfolg Gelzer (Zeitschr. f. rom. Phil., 37, 273—286). Freilich ist das letzte Wort in allen Einzelheiten dieser Streitfrage noch nicht gesprochen. Immerhin sind es gewichtige Argumente, die auch schon bisher zugunsten der Illyriertheorie beigebracht wurden, ein Ergebnis, an dem auch die Einwendungen Hirts (Festschrift f. Kiepert, S. 181 ff.) nicht zu rütteln vermochten. Gegen Hirts Lehre von der thrakischen Herkunft der Albaner können eine Reihe von Gründen sprachlicher Natur ins Treffen geführt werden. Indes kommt wahrscheinlich auch dem thrakischen Volkstum ein Anteil an der Bildung der albanischen Nationalität zu, wie dies schon der weitblickende Thunmann geahnt hat und wie dies aus den Erörterungen von C. Patsch über die Gleichheit der Orts-, Fluß- und Bergnamen im thrakischen und illyrischen Gebiet deutlich wird. (Jahreshefte d. Österr. Archäol. Inst., 10, 169 ff.). In diesem Sinne ergibt sich also eine Synthese der beiden widerstreitenden Ansichten, die Baron F. Nopcsa in der Weise vornimmt, daß er eine Überschichtung eines thrakischen Elementes durch ein illyrisches für wahrscheinlich hält (Wissenschaftliche Mitteil. a. Bosnien u. d. Herzegowina, 12, 223). Die etwas abseits stehenden Lehren zweier rumänischer Forscher vermochten in die Entwicklung dieser Frage nicht dauernd einzugreifen. Hasdeus phantastische Ansicht von einem pelasgischen, den Ägyptern verwandten Balkanurelement mit seiner Überschichtung durch Thraker im Norden, Griechen im Süden (Etymologicum magnum Romaniae, 3_{1}, 1 ff.) wurde von Sandfeld Jensen entsprechend gewürdigt (Nord. Tidskr. f. filologi, 3. r., 3, 105 ff.), und wie wenig Parvân, der die Albaner erst zwischen dem 3. und 6. Jahrhundert von Dazien her allmählich in ihre gegenwärtigen Sitze einrücken läßt (Beih. 26 zur Zeitschr. f. rom. Phil., S. 61 f.) die sprachlichen Zeugnisse für die Kontinuität der Wohnsitze der Albaner von den Zeiten des Altertums bis auf den heutigen Tag beachtet, geht aus den Bemerkungen L. Spitzers (Mitteil. d. Rum. Inst. Wien, 1, 292 ff.) hervor.

Mit der Frage der sprachwissenschaftlichen Einordnung des Albanischen im Zusammenhange steht das Problem der

Beziehungen des Albanischen zu den benachbarten Balkansprachen,

besonders zum Rumänischen. Stützen sich doch die eben erwähnten Ansichten der beiden rumänischen Gelehrten auf die unleugbare Tatsache alter sprachlicher Berührungen zwischen Rumänisch und Albanisch. Zwei Meister der Sprachwissenschaft waren es vornehmlich, die das Problem erkannten und als erste zu klären suchten. Zwar hatte schon im achtzehnten Jahrhundert der im Verlaufe dieser Erörterungen öfter erwähnte, so erstaunlich divinatorische Joh. Thunmann mehr andeutungsweise auf Zusammenhänge zwischen Rumänisch und Albanisch hingewiesen. Allein in scharf umrissener Weise diese Gemeinsamkeiten erfaßt zu haben, ist das Verdienst des großen Slavisten Miklosich (Die slav. Elem. im Rum., Denkschr. d. Wiener Ak., Phil.-hist. Kl., 12). Ihm folgte Schuchardt, der auf weitere Übereinstimmungen, besonders lautliche, aufmerksam machte und auch die parallele semasiologische Entwicklung der lat. Elemente in beiden Sprachen erkannte (Vokalismus des Vulgärlateins, 3, 46—55). Weniger zwingend war die Schlußfolgerung, die Miklosich (Alb. Forsch. 2, 78) aus der Tatsache gewisser sprachlicher Übereinstimmungen zog; sie sollten auf ein gleiches Substrat der in diesen Punkten sprachlich übereinstimmenden Völker hinweisen. Merkwürdigerweise wurde gerade dieser Gedanke, den Miklosich selbst später teilweise aufgab, von seinen Nachfolgern mit einer gewissen Vorliebe übernommen, so schon von Schuchardt. Der Schrift Hasdeus, Strat si substrat (Etymologicum Magnum Romaniae 3 $_1$), deren leitende Gedanken von ihrem Verfasser auch in früheren Abhandlungen vertreten worden waren (so Archivio glottologico 3, 420ff.), ist schon im vorhergehenden gedacht worden. Gegen diese eigentlich schon von vornherein recht willkürliche Anschauung, als ob sprachliche Übereinstimmungen gerade einer gemeinsamen Unterschicht zweier Völker zugeschrieben werden müßte, wandte sich Hasdeus Landsmann Cihac (Böhmers Rom. Studien, 4, 431 ff.) und in besonders dankenswerter Weise Sandfeld Jensen, der eine objektive, kritische Zusammenstellung der grammatischen Übereinstimmungen gebend (Nord. tidskrift f. filologi, 3. r., 3, 105 ff., Gröbers Grdr. d. rom. Phil. ^{2}, 1, S. 524 ff.) die wechselseitige Abhängigkeit der beiden Sprachen von einander hervorhob und, im bewußten Gegensatz zu G. Meyer, wohl als erster vor einer Überschätzung des lateinischen Einflusses auf das Albanische warnte. Die Schranken unseres Wissens von diesem Problem, der 'Substratfrage', beleuchtet scharf v. Thallóczy in den Illyr.-alb. Forschungen 1, 59. Für eine sprachgeschichtliche Erkenntnis des Albanischen nicht ohne Bedeutung sind auch die ins Rumänische aufgenommenen lexikalischen Bestandteile des Albanischen. Ihre Zusammenstellung bei Cihac, Dict. d'étymologie daco-romane, Élém. slaves etc. ist ebenso lückenhaft, wie die Beurteilung der letzten Quelle dieser Wörter, die nach Cihac (S. 13 f.) nicht das Albanische sein soll, unrichtig ist. Weitaus zutreffender erörtert dieses Kapitel Densusianu, Histoire de la langue roumaine. Neue instruktive Einzelheiten über lexikalische Wechselbeziehungen der beiden Sprachen zu einander findet man bei Pușcariu, Etymol. Wörterb. d. rum. Spr. Man vgl. beispielsweise die Ausführungen über rum. *căciúlă* 'Pelzmütze' — alb. *kesule* 'Mütze', arom. *picúl'ŭ* 'fürs Alter zurückgelegtes Geld' — alb. *pekul'* 'Sorge', rum. *zbór* 'fliegen' — alb. *zborák* 'Sperling' u. a. Eine Gruppierung der albanischen Elemente des Rumänischen nach kulturhistorischen Gesichtspunkten und zugleich eine grammatische Würdigung versucht C. Treimer (Zeitschr. f. rom. Phil., 38, 385 ff.), deren lautgeschichtlicher Gehalt in Methode und Ergebnissen mannigfacher Berichtigungen bedarf. Nicht jede Übereinstimmung zwischen Sprachen beruht übrigens auf geschichtlichem Zusammenhang; vieles ist bloß zufälligem Zusammentreffen zuzuschreiben. Diese Erkenntnis für die albanisch-rumänischen Beziehungen begründet und durch scharfe Hervorhebung der Haupttendenzen sprachlicher Entwicklung im einzelnen angewendet zu haben, ist das Verdienst der dieses Gebiet, insonderheit seinen grammatischen Bereich, vorläufig abschließenden Schrift W. Meyer-Lübkes (Mitteil. d. Rum. Instit. Wien, 1, 1 ff.). Gegenüber den Übereinstimmungen zwischen beiden Sprachen, in deren Annahme man oft übers Ziel schoß, werden hier auch die bedeutenden Unterschiede beleuchtet, und die Ansicht, als ob ein proethnisches, dem Albanischen nahestehendes Element auf die Gestaltung des rumänischen Lautsystems besonders bestimmend gewirkt hätte, ein Gedanke, der, wie aus dem Bisherigen hervorgeht, so viel Anklang fand, ist durch Meyer-Lübkes kritische Darlegungen wohl endgültig beseitigt. Immerhin führen mancherlei lautliche und semasiologische Eigenschaften der albanischen Bestandteile des Rumänischen, wie G. Meyer (Alb. Stud. 3, 22) mit Recht hervorhebt, in eine Zeit, die vor der Bildung der rumänischen Sprache und Nationalität liegt. Weitaus jünger ist der Einfluß des Albanischen auf andere Balkansprachen. Wie auf so vielen anderen Feldern der Sprachwissenschaft des Albanischen und seiner Nachbaridiome hat G. Meyer auch hier beispielgebend gewirkt. Die einzige zusammenfassende Untersuchung über die Einwirkung des Albanischen auf eine der nicht-rumänischen Nachbarsprachen findet sich in seinen Neugriech. Studien, 2, 64—71; sie behandelt die albanischen Elemente des Neugriechischen. Der Einfluß des Albanischen auf die slavischen Balkansprachen und das Türkische wurde monographisch noch nicht untersucht, so wünschenswert ein solches Unternehmen auch wäre. Allerdings hat Miklosich in seinem Etymologischen Wörterbuch der slavischen Sprachen auch auf das Albanische Rücksicht genommen, doch vermögen diese naturgemäß knappen Bemerkungen den Gegenstand nicht zu erschöpfen. Einzelfälle des albanischen Einflusses auf benachbarte Balkansprachen behandeln zwei Aufsätze von Jokl (Mitteil. des Rum. Inst. Wien, 1, 298 ff., IF. 33, 420 ff.).

In den

Dialekten

erhält sich die Vergangenheit des Volkstums lebendig. Wenn aber v. Hahn, der rühmlich bekannte Erforscher von Albaniens Land und Leuten und treffliche Beschreiber seiner Sprache, die Sonderung des Albanischen in die beiden Dialektgruppen: gegisch und toskisch bis in die Zeit des Altertums zurückverlegt und in Gegen und Tosken Illyrier und Epiroten wieder zu erkennen glaubte, so hat schon Theod. Benfey die Stichhaltigkeit einer so uralten Scheidung in Zweifel gezogen, freilich ohne seine Skepsis zu begründen. Indes fällt es dem sprachwissenschaftlichen Beobachter nicht schwer, die relative Jugend der erwähnten Dialektgliederung zu erweisen. Dennoch kommt der Dialektforschung gerade im Albanischen, einer Sprache, deren literarische Überlieferung erst so spät beginnt, eine nicht hoch genug einzuschätzende Bedeutung zu. Besitzen doch in einer solchen Sprache die Dialekte mit ihren bewahrten Altertümlichkeiten den Wert von Sprachdenkmälern. Allein wie wenig ist für die Erforschung der Mundarten geschehen! Gelegentliche, richtige Bemerkungen über einzelne mundartliche Züge finden sich des öfteren bei Camarda, Saggio di grammatologia compar. sulla lingua alb. Über die Hauptunterschiede zwischen gegisch und toskisch unterrichtet Dozon, Manuel de la langue chkipe, S. 329 ff. Die Verwandtschaftsverhältnisse und Gliederung der wichtigsten Unterdialekte der tosk. Dialektgruppe hat Kristoforiđi (Χριστοφορίδης) in der Vorbemerkung zu seiner Γραμματικὴ τῆς ἀλβανικῆς γλώσσης kurz gestreift. Sprachliche Tatsachen einiger Mundarten sind wenigstens in groben Umrissen bekannt geworden; so lehrten uns G. de Rada (Grammatica della lingua alb.), Prinz Lucian Bonaparte (Transact. of the Philolog. Soc. 1884, S. 492 ff.), Hanusz (MSL. 6, 263 ff.) manches von den italisch-albanischen Mundarten kennen. Eine zusammenfassende Darstellung fanden diese Mundarten, die vom Mutterlande seit Jahrhunderten getrennt, eine Sonderentwicklung durchmachten und schon darum ein hohes sprachgeschichtliches Interesse zu wecken vermögen, in der Abhandlung von M. Lambertz (IJ. 2, S. 1 ff.). Dabei fiel auch manches interessante Streiflicht auf grammatische Merkmale anderer Mundarten, dialektische Züge, die so ihre geschichtliche Stellung und einstige räumliche Begrenzung zugewiesen erhielten. Reinhold, Noctes pelasgicae (Athen, 1855), Kuluriotis, Ἀλβανικὸν ἀλφαβητάριον (Athen, 1882) und G. Meyer, Alb. Stud. 5 (Wiener Sitz.-Ber., 134) orientieren über die in Griechenland gesprochenen Mundarten, während das Skutarinische, schon aus älteren Texten und den Schriften der Propaganda einigermaßen bekannt, durch Jungg, Elementi grammaticali della lingua alb. (Skutari, 1881) dem Sprachforscher näher gerückt wurde und an J. U. Jarník (Zur alb. Sprachenkunde, Leipzig, 1881, Příspěvky ku poznání nářečí albánských, d. i. Beiträge zur Kenntnis alb. Mundarten, Prag, 1883) einen treuen und feinhörigen Aufzeichner fand. Eine Reihe wertvoller Bemerkungen zur Kenntnis der Mundarten bietet G. Pekmezi in seiner Grammatik der alb. Sprache, Wien, 1908. Freilich sind es in diesen Fällen nur sprachliche Tatsachen der Mundarten, die uns geboten werden, nicht die sprachwissenschaftlich allseitige Fixierung eines mundartlichen Typus. Diese auf Grund eigener Beobachtungen (in Korfu und auf dem gegenüberliegenden Festlande) geliefert zu haben, ist das bleibende Verdienst H. Pedersens. Es ist ein labischer Dialekt, den Pedersen in seinen Albanesischen Texten mit Glossar, Leipzig, 1895 (Abhandl. d. Sächs. Ges. d. Wiss., Phil.-hist. Kl. 15_3) wissenschaftlich beschrieben, durch eine Reihe sorgfältig aufgenommener Texte, die übrigens auch volkskundliches Interesse bieten, vorgeführt und dessen Sprachgebrauch er in einem reichhaltigen Lexikon mit Akribie festgehalten hat. Gerade der Gewinn, den die albanische Sprachwissenschaft aus Pedersens Dialektstudien gezogen hat, vermag das oben über diesen Zweig der Wissenschaft Gesagte anschaulich zu machen. Das gleiche gilt von Weigands Darstellung des gegischen Dialektes von Borgo Erizzo in Dalmatien (Jahresber. d. Rum. Inst. Leipzig, 17, 177 ff.) Da es sich hier um die Mundart einer Kolonie handelt, ist die Feststellung ihres Laut- und Formenbestandes wie die Erforschung ihres Wortschatzes des öfteren zugleich auch als chronologisches Hilfsmittel wertvoll. Weigand hat ferner in seiner Alban. Grammatik im südgeg. Dialekt (Leipzig, 1913) eine Bearbeitung der bisher wenig beachteten mittelalbanischen Mundarten von Durazzo, Elbasan, Tirana geliefert und dieses vornehmlich praktischen Zwecken dienende Lehrbuch, das jedoch der Natur der Sache nach zugleich auch die Dialektologie fördert, durch ein Wörterbuch (1914) ergänzt. Schon vor Weigand hatte zu dialektologischen Zwecken G. Pekmezi diese Gegenden bereist und in einem vorläufigen Berichte an die Wiener Akademie (Anzeiger 1901, S. 39 ff.) über seine Ergebnisse Rechenschaft gegeben. Man findet hier eine Reihe Beobachtungen über mundartliche Züge aus schwer zugänglichen Gebieten (wie Dibra, Berzešta, Špat), Beobachtungen, bei denen nur zu bedauern ist, daß sie mehr auf Grund der Erinnerung des Reisenden als nach genauer, unmittelbarer Aufzeichnung niedergeschrieben sind. Es leuchtet ein, daß hiedurch die phonetische Genauigkeit der Angaben beeinträchtigt wird. Die umständlichere, von Pekmezi angekündigte Darstellung seiner Beobachtungen und Sammelergebnisse steht bisher aus. Für eine zu der Gruppe der bisher fast völlig vernachlässigten östlichen gegischen Dialekte gehörige Mundart stellt Jokl eine Bearbeitung in Aussicht. Der kurze Bericht über diese Studien (Anzeiger der Wiener Akademie, 1915, S. 68 ff.) hebt auch die charakteristischsten Züge dieses Dialektes — es handelt sich um den von Rapšišt bei Gostivar — hervor.

Wichtiger noch als auf dem Gebiete anderer idg. Sprachen ist gerade für das Albanische die

Etymologie,

allerdings eine solche, die nicht nur mehr oder minder glückliche Einfälle verzeichnet, sondern eine solche, die "zu einer Wissenschaft sich entwickelt hat, in der wie in jeder anderen Wissenschaft ernste beharrliche Arbeit zu sicheren Ergebnissen führen muß" (H. Schröder). Ist für die wissenschaftliche Grammatik einer jeden Sprache die Etymologie die Grundlage, auf der sich insbesondere die Lautlehre und Wortbildungslehre aufbaut, so ist dieser Zweig der Sprachwissenschaft für das Albanische mit seinem bunt gemischten Wortschatz doppelt bedeutungsvoll; hier fällt ihr auf Schritt und Tritt die oft gar nicht leichte Aufgabe zu, das Fremde vom Erbgut zu sondern. Die grundlegende Wichtigkeit dieser Aufgabe hat schon Leibniz erkannt; und doch, wie lange dauerte es, bevor die Forderung des philosophus Germaniae, der, hier wie in so vielen anderen Dingen intuitiv das Wesentliche erspähte, erfüllt wurde.

Schon Leibniz selbst versuchte sich auf dem Felde der albanischen Wortdeutung an den oben genannten Stellen, und sein vornehmster Nachfolger in der vorsprachwissenschaftlichen Zeit Malte-Brun gab eine bequeme Zusammenstellung der Etymologien des Philosophen, die er durch eigene Erklärungen zu vermehren strebte (Annales des voyages 3, 167 ff.). Man findet in dieser Liste von 102 Deutungen schon manche richtige Gleichung (so die von alb. *miš* 'Fleisch' mit slav. *męso,* von *ńerí* 'Mensch' mit griech. ἀνήρ) und manches andere, was bis heute wenigstens communis opinio blieb. Aber bei der kaum noch vorhandenen Einsicht in die Geschichte der idg. Sprachen mußten sich natürlich auch viel verkehrte Zusammenstellungen einschleichen. Bopps Interesse war auch auf albanischem Gebiete nur sekundär der Etymologie zugewandt; trotzdem geht eine Reihe förderlicher und bis heute unerschütterter Erklärungen auf seine Schrift Über das Albanesische zurück (so *vitš* 'Kalb', *vjet* 'Jahr': ai. *vatsá-* 'Kalb', 'Jahr', *vjeheř* 'Schwiegervater': ai. *švášura-, mbār* 'trage', *bie* 'führe': ai. *bharāmi* 'trage', *ap* 'gebe': ai. *āp* 'erlange', *ditɛ* 'Tag': ai. *dina-* dass. und manche andere). Allein zu einer grundsätzlich richtigen Beurteilung des albanischen Wortschatzes zu gelangen, war selbst einem Bopp noch nicht möglich, wiewohl ihm, wie aus manchen Andeutungen ersichtlich ist, die richtige Erkenntnis bereits vorschwebte. War doch Leibnizens oben erwähnte Forderung nach Sonderung des Heimischen vom Entlehnten noch nicht erfüllt. Kein Wunder, daß Bopp demnach auf Grundlage etymologisch unrichtiger Auffassungen zu grammatisch unrichtigen Urteilen gelangte; so bei der Beurteilung der Vertretung der Gutturalen, wo er alb. *ḱen* 'Hund' (entlehnt aus lat. *canis*) unmittelbar mit ai. *švan-* vergleicht. Geradezu beherrschend wird das Durcheinanderwerfen der verschiedenen Elemente des albanischen Wortschatzes bei Camarda, der freilich darauf seine Lehre von der Verwandtschaft des Albanischen mit dem Lateinischen und Griechischen aufbaute und, im Banne dieses Gedankens, der Annahme von Entlehnungen förmlich aus dem Wege gegangen zu sein scheint. Auch Schleicher gelangt, diesem trügerischen Wegweiser folgend, zu seinem oben erwähnten Urteil in der Verwandtschaftsfrage. Das warnende Beispiel Benloews wurde gleichfalls hervorgehoben. Freilich konnte diesem nicht mehr völlig zugute gehalten werden, was für einen Bopp, einen Schleicher noch gegolten hatte und was diese großen Männer wohl als schweren Mangel empfunden haben mochten. Jene grundlegende, systematische Durchforschung des albanischen Wortschatzes, die ihn auf seinen Ursprung hin untersuchte, war zu Benloews Zeit bereits eingeleitet. Miklosichs Albanische Forschungen (3 Teile) waren bereits 1870/71 (in den Denkschriften der Wiener Akademie, Phil.-hist. Kl. 19/20) erschienen. Wie also auf dem Gebiete des Armenischen nur durch eine scharfe Sichtung des ihm eigentümlich Gehörigen und des Erborgten die richtige Einsicht in seine Geschichte eröffnet werden konnte, so auch hier. Zwei Seiten sind es, nach denen diese Untersuchungen (Teil I: Die slavischen Elemente im Albanischen, Teil II: Die romanischen Elemente im Albanischen, Teil III: Die Form entlehnter Verba im Albanischen) bedeutungsvoll werden mußten: die negative und die positive. Sie ermöglichten es, voreilige Schlüsse für die albanische Sprachgeschichte zu vermeiden, sie waren aber auch über ihren eigenen Bereich, das Gebiet der Entlehnungen hinaus, Deutungsbehelfe bei der Untersuchung des heimischen Wortvorrates, wirksame Ersatzmittel für alte Urkunden oder, anders gesprochen, selbst Urkunden, die nur des kundigen Entzifferers harrten. Dieser erste Entzifferer war eben fast ausschließlich Miklosich, wiewohl nicht geleugnet werden soll, daß auch G. Stier in seinen an Umfang geringen, bereits zitierten Untersuchungen (Allg. Monatsschrift 1854, S. 861 ff., KZ. 11, 132 ff., 206 ff.) sich von Takt und Scharfsinn in der Sichtung des Wortschatzes leiten ließ. Manchen Fehler gleichzeitiger Mitforscher vermied er, so bei der Beurteilung von *ḱint* 'hundert', *ḱen* 'Hund', und manche Deutung, die dauernder Besitz der alb. und idg. Sprachforschung wurde, ist ihm zu danken, wie die Zusammenstellung von *mεs* 'Fohlen' mit dem *Juppiter Menzana* der messapischen Sallentiner, von *sor̄ε* 'Krähe' mit russ. *soróka* 'Elster' u. a. Miklosich aber begnügte sich nicht mit der Untersuchung einiger Wortkategorien, sondern suchte den ganzen Wortschatz, soweit er damals bekannt war, zu mustern. Viele Wörter, die Miklosichs unmittelbarer Vorgänger Camarda als heimisch angesprochen und zu allerlei haltlosen Kombinationen verwertet hatte, mußten erst ihrer wahren Natur nach, nämlich als Lehnwörter erkannt werden. Eine kleine (natürlich nicht vollständige) Liste solcher erst von Miklosich erkannter slavischen Entlehnungen vereinigt Wörter wie *grušt* 'hohle Hand' aus *grъstь*, *goždε*

'Nagel' aus *gozdij*, *kluts* 'Schlüssel' aus *ključь*, *porosit* 'trage auf' aus *poručiti*, *san* 'Heu' aus *sěno*. Romanischen Ursprung erkannte Miklosich bei *ergent* 'Silber' aus *argentum*, *kerp* 'Hanf' aus vulgärl. *cănape*, *keršī* 'Kirsche' aus *cerasus*, *pak* 'wenig' aus *paucus*, *püt* 'Wald' aus *padūle* für *palūde*, *šeroj* 'heile' aus *sanāre* u. a. Man vergegenwärtige sich bloß die Bedeutung dieser Arbeit vom Standpunkte unserer heutigen Erkenntnis. Sind doch die genannten Wortdeutungen wichtig für die Lehre von der Vertretung der Gutturale im Albanischen, die Camarda, durch angebliche Erbworte, wie *ken*, *ergent* verleitet, falsch beurteilt hatte — bezüglich *ken* und der daran zu knüpfenden Folgerung war auch Bopp in die Irre gegangen; ebenso gründet sich zum guten Teil auf Miklosichs etymologische Untersuchungen die Lehre von der Vertretung des *au*-Diphthongs; sie liefern Material zur Geschichte und Chronologie der *s*-Laute, weisen den Weg zur Aufhellung der Gruppe *kl*-, belehren uns über den Ausfall der intervokalischen Media usw. Miklosichs Untersuchungen fanden unmittelbar nach ihrem Erscheinen eine wegen ihrer wichtigen prinzipiellen Bemerkungen noch heute äußerst lesenswerte Fortsetzung in H. Schuchardts Abhandlung: Albanisches und Romanisches (KZ. 20, 240—302); die Schrift geht über den Rahmen einer referierenden oder kritischen Paraphrase weit hinaus und bringt in ihrem etymologischen Teile Berichtigungen zu einzelnen Deutungen Miklosichs, von denen die meisten in den fünfthalb Jahrzehnten seit ihrer Veröffentlichung sich durchaus bewährt haben (wie *purtoj* 'ich faulenze' aus *pigritor*, *vorfer* 'arm' aus *orphanus*, *uroj* 'wünsche Glück' aus *auguro*). Daneben finden sich aber auch Ergänzungen zu Miklosich, indem Schuchardt eine Reihe lateinischer Bestandteile nachwies, die Miklosich entgangen waren, darunter so wichtige wie *θekere* 'Roggen', *ģel'* 'Hahn', *verī* 'Winterweide', *kumbute* 'Pflaume' u. a. Einer großen Aufgabe unterzog sich Miklosich noch am Ende seines arbeits- und erfolgreichen Lebens, indem er der Aussonderung der romanischen und slavischen Elemente auch noch die des türkischen Bestandes des albanischen Wortschatzes hinzugesellte. Er tat dies in einer die sämtlichen Sprachen des Balkans, ja des östlichen Europa überhaupt umfassenden Monographie (Die türk. Elemente in den südost- und osteurop. Sprachen, Wien, 1884—1890; Denkschriften der Wiener Ak., Phil.-hist., 34, 35, 37, 38), eine Behandlungsweise, die sich vom slavischen Standpunkte — und er war in dieser Schrift für ihren Verfasser wohl in erster Linie maßgebend — durch kulturhistorische und sprachliche Erwägungen empfahl. Für die Aufhellung des Albanischen leistet auch diese Schrift ganz Wesentliches. Entzog sie doch — abgesehen von der oben dargelegten besonderen Wichtigkeit der Lehnwortuntersuchung überhaupt — Irrtümern, wie sie des öfteren Camarda, beispielsweise mit einer Vergleichung griech. ποιητής 'Dichter' : alb. *bejtar*, und fast regelmäßig Benloew in seinen oben erwähnten Werken begeht, jede Grundlage. So war der Boden der albanischen Wortforschung, wenigstens soweit das im Albanischen so wichtige Lehngut in Frage kommt, insbesondere durch Miklosichs und Schuchardts Verdienst gut vorbereitet, als Gust. Meyers tiefgründige und vielseitige Arbeit einsetzte. Waren für die eben genannten Forscher die albanischen Studien doch nur mehr oder weniger Nebengebiete, so hat Meyer einen großen Teil seines gelehrten Fleißes und seines Scharfsinnes in den Dienst der albanischen Sprachwissenschaft gestellt. In der Erforschung der Lehnwörter konnte sich seine Arbeit, an die Tätigkeit seiner Vorgänger anknüpfend, auf Ausbau und Besserung, Mehrung und Kritik beschränken. So hat er in seinem etymologischen Lebenswerk, dem Etymologischen Wörterbuch der alb. Sprache, Straßburg, 1891, eine Reihe von Wörtern, deren Bestand oder Lehnwortcharakter seinen Vorgängern entgangen war, zu erklären vermocht (man vgl. z. B. die Artikel *flakε* 'Flamme', *kłuar* 'Stößel des Butterfasses', *kutós* 'weide', *košεrε* 'Sense', *mutį* 'Butterfaß', *kotéł* 'Holzschüssel', *parmεnt* 'Pflug', *pε* 'Faden', *tεršεrε* 'Hafer'). Manches dieser Wörter hat erst Meyer aus neuen, Miklosich noch nicht zugänglichen Quellenwerken ans Licht gezogen, so z. B. *kotéł*, *petí* s. v. *mutį* aus Mitkos, Αλβανική μέλισσα (Alexandrien, 1878), einer Sammlung von volkstümlichen Texten. In anderen Fällen konnte er die Ansicht seiner Vorgänger glücklich berichtigen, so z. B. bei *špeitε* 'schnell', das Meyer im Gegensatze zu Miklosich aus dem Slavischen herleitet, bei *škrap* 'Skorpion', für das er das Slavische wenigstens als unmittelbare Quelle feststellte. Fast selbstverständlich ist es, daß Meyer diese Seite seiner Tätigkeit auch nach dem Erscheinen seines Wörterbuches fortsetzte, so im 4. Teile seiner Albanesischen Studien, Wien, 1895 (Wiener Sitzungsber. 132), wo er Kavalliotis griechisch-südrumänisch-albanisches Wortverzeichnis neu herausgab und kommentierte. Man vgl. hier z. B. die zweifellos richtige Erklärung von *nis* 'fange an' aus *initium*, während Miklosich das Wort aus griech. ἐκίνησα erklären wollte. Endlich richtete Meyer seinen Blick auch über den Bereich des Romanischen, Slavischen und Türkischen hinaus und vermochte so der Lehnworterklärung mancherlei neue Errungenschaft zu sichern, so z. B. durch gelegentliche Heranziehung des Magyarischen (z. B. bei *ḱiparε* 'Gesichtszüge', mittelbar aus magy. *kép* 'Bild' und in anderen Fällen.) Wenn aber Meyers Etymologisches Wörterbuch zu einem Quellenwerk ersten Ranges, einer Rüstkammer der Sprachwissenschaft wurde, verdankt es dies noch mehr jener anderen Seite von Meyers Tätigkeit, in der er Begründer und Neueroberer, nicht bloß Fortsetzer werden sollte. Es war dies die Erschließung des Albanischen für die idg. Sprachwissenschaft, die Bopp zwar eingeleitet, aber nicht durchgeführt, geschweige denn vollendet hatte und die notwendigerweise einen methodischen, besonnenen aber energischen Betrieb der Etymologie erforderte. Es kann nicht die Aufgabe dieser kurzen Skizze sein, Meyers geistiges Eigentum auf diesem Gebiete vollständig zu umgrenzen; allein wenn wir, um nur einiges von dem vielen Bemerkenswerten zu nennen, auf Meyers Deutung von Wörtern wie: *ah* 'Buche', *εndεr̄ε* 'Traum', *anε* 'Seite', *barθ* 'weiß', *degε* 'Zweig', *deša* 'ich liebte', *dorε* 'Hand', *θań* 'ich trockne', *θom* 'ich sage', *ḱań* 'ich weine', *ḱeθ* 'ich schere', *motrε* 'Schwester', *pata* 'ich hatte', *üt* 'Stern', *zor̄ε* 'Darm' verweisen, so mag diese viel zu knappe Liste zeigen, wie Meyer die Ergebnisse der früheren Lehnwortforschung und auch andere Ermittlungen umsichtig und mit scharfem Blick für das Wesentliche zur Eroberung etymologischen Neulandes benützte — dies zeigen beispielsweise *anε*, *θań*, *ḱań*, *ah* — und in wie ungleich höherem Maße er durch neue Gedanken die etymologische und zugleich die grammatische Forschung befruchtete. Man vgl. *barθ*, *θań*, *dorε*, die durch Heranziehung von got. *bairhts*, lat. *censeo*, griech. χείρ die Frage der Vertretung der palatalen Gutturale lösten; *deša*, *motrε*, *dorε*, *ḱań* (γεύ(σ)ω, μήτηρ, χείρ, κλαίω, ἔκλαυσα) lösten eine Reihe von Fragen des Vokalismus usw. Dabei ist nicht zu übersehen, daß Meyers Etymologisches Wörterbuch auch rein lexikalisch eine bewunderungswürdige Leistung darstellt. Gab es doch vor Meyers Werk überhaupt kein lexikalisches Hilfsmittel, das alle

Dialekte der Sprache umfaßte, sondern nur Glossare und das im wesentlichen auf das Skutarinische beschränkte, nicht immer genaue Wörterbuch von Rossi. Im unmittelbaren Anschluß an Meyers Werk und die darin vertretene Forschungsrichtung entstanden Bugges Beiträge zur etymolog. Erläuterung der alb. Sprache (BB. 18,160—201), die manche lautgeschichtlich interessante, scharfsinnige Deutung enthalten, so die auch für das Abstammungsproblem wichtige, merkwürdigerweise nicht nach Gebühr gewürdigte Gleichung : *darbε* 'Birne' : griech. ἄχερδος, Meyer öfter berichtigen (z. B. in der Erklärung *pεrmjer*), öfter auch ergänzen, freilich ohne überall das Richtige zu treffen, und besonders auch zur Lehnwortkunde viele treffliche Beobachtungen enthalten. Man denke z. B. an Erklärungen wie *kεrθį* 'kleines Kind' aus lat. *chordus* 'spät geborenes Lamm', *grerε* 'Wespe' aus lat. *crabronem* 'Horniß' usw. In Bugges etymologischen Untersuchungen kann man den Ausläufer und Abschluß jener Periode der albanischen etymologischen Forschung erblicken, die durch Miklosich und Schuchardt begründet, in G. Meyers für alle Zeiten grundlegendem Werke ihre Vollendung erreicht hatte. Daß diese Periode von der Lehnwortforschung ausgegangen war, ausgehen mußte, um sicheren Boden zu gewinnen und gegen vorschnelle Verallgemeinerungen z. B. eines Camarda einen Schutzdamm aufzurichten, gab ihr die Signatur und bestimmte ihre Richtung. Es war eine fast unvermeidliche und nur allzu begreifliche Folge dieses Umstandes, daß die Bedeutung des Lehnwortes, nach der Lage der Dinge insbesondere des lateinisch-romanischen, einigermaßen überschätzt wurde. Der Forscher, der sich von diesem aus der Geschichte der Disziplin erklärlichen Sehfehler zuerst frei machte und damit eine neue Richtung begründete, ist Holger Pedersen, während gleichzeitig sein Landsmann Kr. Sandfeld Jensen die Überschätzung des lateinischen Einflusses durch die bisherige Forschung feststellte (Nord. tidskr. f. filol. 3. R., 3. B., 131). Pedersen führte der etymologischen Erforschung des Albanischen diese neuen Impulse in eigentlich etymologischen Aufsätzen zu (BB. 19, 293 ff., 20, 228 ff., z. B. *nuse* 'Braut' nicht aus lat. **nuptia*, *dot* in *s dot* 'gar nicht' nicht aus *in toto*, *perεndį* 'Gott' nicht aus lat. *imperantem*), noch mehr aber in Abhandlungen, die wesentlich lautgeschichtlichen und anderen historisch-grammatischen Zwecken dienten — nach dieser Seite werden sie weiter unten gewürdigt —, aber auch für die etymologische Erforschung des idg. Grundstocks des Albanischen und für die Wertung seines Umfanges innerhalb der heutigen Sprache reichen Ertrag lieferten. So finden wir Deutungen wie *sjeł* 'bringe, trage', geg. 'drehe' : lat. *colo* usw., *zjarm* 'Feuer, Hitze' : θερμός, *ḱε* 'daß' in der den albanischen Gutturalen gewidmeten bedeutungsvollen Abhandlung (KZ. 36, 277 ff.). Wichtige Erklärungen aus idg. Mitteln, und zwar bei Wörtern, die bis dahin als lateinische Entlehnungen gegolten hatten, gibt die eingehende Kritik von Meyer-Lübkes Bearbeitung der Lat. Elemente des Albanischen von G. Meyer (Gröbers Grundriß d. rom. Phil., 2. Aufl. 1, 1038 ff.), erschienen in Vollmöllers Rom. Jahresber. 9, 1, 206 ff. (so *püeś* 'ich frage', nicht aus *peto*, *łań* 'wasche', nicht aus *lavo*). Schon durch diese Untersuchungen, insonderheit die von Partikeln wie *ḱε* 'daß' *ndεr* 'unter', *brεnda* 'zwischen', hatte Pedersen in die Diskussion über ein Problem eingegriffen, das bereits Bopp aufgeworfen und als wesentlich für die albanische Sprachgeschichte erkannt hatte : die Frage, ob dem Albanischen der Charakter einer halbromanischen Mischsprache zuzuschreiben sei. Meyer hatte diese Frage bejaht, Pedersen verneint sie, wie noch weiter unten auszuführen sein wird. Der von Pedersen eingeschlagenen Richtung der albanischen Wortforschung kamen auch die Untersuchungen von O. Wiedemann (BB. 27, 193 ff., 28, 1 ff.) zugute, die neben anderen Sprachen auch das Albanische in förderlicher Weise berücksichtigten. Hatte z. B. Meyer in *zε̄* 'fasse' eine alte Entlehnung aus dem Slavischen, in *brešε* 'Schildkröte' eine solche aus dem Lateinischen gesehen, so tritt Wiedemann für heimischen Ursprung ein. Nachdem längere Zeit in der albanischen Wortforschung Stillstand geherrscht hatte, erschien die Schrift von Jokl Studien zur alb. Etymologie und Wortbildung (Wiener Sitz.-Ber. 167, Abh. 1, 1911), deren größter Teil dem idg. Grundstock des Albanischen gewidmet ist. Das Material umfaßt Worte, die erst nach dem Erscheinen des Meyerschen Werkes in Wörterbüchern oder Texten ans Licht traten (*banoj* 'wohne', *bān* 'Wohnung', *łabε* 'Rinde, Kork', *łapεrδī* 'Schmutz', *płok* 'träge' u. a.) oder solche, für die es in der früheren Literatur an einer befriedigenden Erklärung gefehlt hatte (z. B. *darε* 'Zange', *łumε* 'selig', *urε* 'Brücke') oder endlich solche, die mit Unrecht als Lehnwörter gedeutet worden waren (*dorbeŕ* 'Herde', *ǵetε* 'Speise', *lεngŏr* 'biegsam', *ł̄imontí* 'Muße', *ndjerε* 'bis', *ruaj* 'bewache', *škoj* 'gehe' u. a.) Es ist also Schuchardts Vorhersage, die er 1872 aussprach: "Wenn einst dem Albanischen eine ganz feste Stellung innerhalb des Indogermanischen angewiesen ist, dann werden wir ihm wahrscheinlich manche Wörter, die wir jetzt, und mit vollem Fug, als entlehnt betrachten, als altes Erbgut zurückerstatten müssen" durch die neuere Forschung zur Tat geworden. Aber wird auch Meyer berichtigt, das Hauptverdienst an eben diesen Berichtigungen fällt im Sinne der Worte Schuchardts Meyer selbst zu. Neue Bereicherungen der idg. Bestandteile des Albanischen bringt der jüngst erschienene 1. Bd. der Mitteilungen des Rumän. Institutes an der Univ. Wien, herausgegeben von Meyer-Lübke (Heidelberg, 1914) in den Arbeiten von L. Spitzer und K. Treimer. Aus Spitzers Bemerkungen verdienen beispielsweise *šetunε* 'Samstag', *terε* 'ganz', *vā* 'Furt', aus Treimers *šupľakε* 'flache Hand' genannt zu werden, Wörter, die wir jetzt wohl als Erbgut betrachten dürfen. In gelegentlichen Bemerkungen haben E. Lidén, K. Oštir und P. Skok zur Aufhellung dunkler Bestandteile des albanischen Wortschatzes beigetragen (genannt seien *veŕi* 'Erle' Lidén IF. 18, 485, *kopiľ* 'Knecht', *paľtsε* 'Mark', Oštir Wörter u. Sachen, 5, 218, 220, *kuatsε* 'weißes Schaf mit schwarzen Augen' Skok Zeitschr. f. rom. Phil. 36, 648, *šiľek* 'junges Lamm' ebd. 649). Systematische Beobachtung morphologischer und flexionsgeschichtlicher Momente führten Jokl zur weiteren Vermehrung des Erbwortbestandes, daneben aber auch zur schärferen Fixierung fremder Grundworte (*voe, ve* 'Ei', *preher* 'Schürze, Schoß', *hešte* 'Lanze', *kaštε* 'Stroh, Spreu', *gľep* 'Augenbutter', *ŕešt* 'Reihe, Linie' u. a., IF. 36, 98 ff.). — Aber auch die Lehnwortforschung wird nach Meyer unter den methodisch günstigen Bedingungen, die Miklosich und Meyer geschaffen hatten, fortgesetzt. Helbigs fleißige und umsichtige Untersuchung der Italien. Elemente im Albanischen, erschienen im 10. Jahresbericht des Rumän. Instit. an der Universität Leipzig, herausgeg. von Weigand, sondert die eigentlich italienischen Entlehnungen, die Miklosich zusammen mit den lateinischen behandelt hatte, aus, in den Erklärungen zuweilen über Meyer hinausgehend (so z. B. bei *mεsaťε* 'Tischtuch'). Das Hauptverdienst dieser Untersuchung liegt indes auf lautgeschichtlichem Gebiete, soll daher weiter unten gewürdigt werden. Neue Lehnwortquellen, und damit neue grammatische Hilfsmittel wurden von Thumb erschlossen. Hatte noch Meyer (Alb. Stud. 4, 45) das

Vorhandensein altgriechischer Lehnwörter im Albanischen geleugnet, in dieser auch früher geäußerten Ansicht durch den zum größten Teil mißlungenen Versuch Bugges (BB. 18, 188 f.) bestärkt, so erwies Thumb ihr Vorhandensein durch methodologisch sorgfältige Erörterung der chronologischen Verhältnisse und vorbildliche Untersuchung aller einschlägigen grammatischen Fragen. (IF. 26, 1 ff.) Als Beispiele solcher Lehnworte seien genannt *fjer* 'Farnkraut' aus πτέρις, *mokεrε* 'Mühlstein' aus μηχανή, *pjepεn* 'Zuckermelone' aus πέπον-ος, *šerp* 'Sellerie' aus σίρφιον = σίλφιον usw. Anderes, was schon Bugge vermutet (*drapεr* 'Sichel'), Meyer erwogen hatte (*mauθí* 'Name einer Fee'), wird von Thumb der Kette seiner Beweise eingefügt. — Eine Einwirkung der Balkangermanen auf den albanischen Wortschatz nimmt R. Löwe (KZ. 39, 311 f.) an. Wenn auch die meisten der von ihm beigebrachten Beispiele der Kritik nicht standzuhalten vermögen, so ist Löwes These an sich dennoch nicht von der Hand zu weisen. Einiges Material zu dieser Frage findet man bei Jokl, Studien zur alb. Etymologie, in deren zweitem Abschnitte auch andere Entlehnungen behandelt werden. Für die weitere Aufdeckung von Entlehnungen hat sich Spitzers oben zitierter Aufsatz als förderlich erwiesen. Die Untersuchung von Lehnwörtern für eine Dialektgruppe, die bereits längere Zeit vom Mutterlande abgetrennt ist, verspricht sprachgeschichtlichen Gewinn, und so wäre der Versuch Guyons, die slavischen Elemente des Italisch-Albanischen zu bearbeiten (Studi glottolog. ital. 5, Turin 1910) zu begrüßen, wenn der Verfasser nicht infolge mangelnder Vertrautheit mit der idg. Sprachwissenschaft arge Verstöße begangen hätte.

Im großen und ganzen parallel mit der Entwicklung der Etymologie geht der Ausbau der

Lautlehre

des Albanischen. Vor Miklosich war der Lautwandel der Sprache nur an ganz vereinzelten Fällen beobachtet worden; nur wenige Lautgesetze waren ermittelt. Bopp, der als erster die Brücke vom Indogermanischen zum Albanischen zu schlagen hatte, konnte sich nach der auf anderen Gebieten bewährten Methode nur des Formenbestandes als wichtigsten Baumaterials bedienen. Das lautliche Moment blieb mehr abseits und Stier, dessen Interesse auch schon dem Lautlichen galt, arbeitete mit einem wenig zahlreichen Wortvorrat, griff daher oft fehl. Immerhin kam bereits Bopp zu der so wichtigen Erkenntnis der Entsprechung : alb. *a* = slav.-lat. *o* (worin er gemäß dem damaligen Stande der idg. Sprachwissenschaft eine Entartung erblickte), beurteilte auch richtig den Abfall von ursprünglich anlautendem Vokal, die Entstehung von anlautendem alb. *v-* aus *sv-*, (*vetε* selbst : idg. *sve-*), während Stier (KZ. 11, 335) den Weg zur richtigen sprachgeschichtlichen Erklärung des alb. *ǵ* aus idg. *s-* (*ǵumε* 'Schlaf' : lat. *somnus*, *ǵalpε* : ahd. *salba*) wies. Dieselbe Erscheinung behandelt ohne wesentlichen Fortschritt Ascoli (Rendiconti del R. Ist. Lombardo 1864, 194 ff.); im Gegenteil, er schreibt den Wandel mit Sicherheit bloß den romanischen Bestandteilen des Albanischen zu, gewiß eine unhaltbare Anschauung. Camarda beobachtet richtig, daß alb. *h* idg. *sk* entstamme (Saggio S. 71). Daß Bopp in einer anderen wichtigen lautlichen Frage, der der Vertretung der Gutturale, durch lateinische Lehnworte geblendet, irrte, wurde bereits oben hervorgehoben. Die Summe der einigermaßen gesicherten lautlichen Erkenntnisse, die Miklosich vorfand, war, wie man sieht, bescheiden. Es ist das Verdienst des großen Slavisten, in der oben bei Beschreibung seiner etymologischen Forschungsergebnisse angegebenen Weise eine feste Grundlage für die Lautlehre geschaffen zu haben. Soweit die romanischen Elemente des Wortschatzes in Betracht kamen, führte Miklosich selbst auf dieser Grundlage das Gebäude auf, indem er ein Gesamtbild der Lautlehre der romanischen Bestandteile des Albanischen entwarf. Dabei legte er das Hauptgewicht auf die Beschreibung des Tatbestandes — für eine Arbeit, die erst den Schlüssel zum grammatischen Verständnis dieses Teiles der Lautlehre zu bieten hatte, in der Tat die wichtigste Aufgabe. Freilich hat dies im Vokalismus den Übelstand im Gefolge, daß die strenge Scheidung des historisch Verschiedenen und nur äußerlich Zusammengefallenen unterbleibt; doch ist die Ursache hiefür wohl im damaligen Stande der Nachbardisziplinen zu suchen. So wird der Wandel von *a* zu *e* als einheitliche Erscheinung behandelt trotz der Verschiedenheit der Umstände bei *ḱen* 'Hund' aus *canis* und *puštet* 'Macht' aus *potestate*, alb. *ü* wird in gleicher Weise auf lat. *u* bei *püt* 'Wald' aus *padūle* und *krüḱ* 'Kreuz' aus *crŭce* — ohne Rücksicht auf die verschiedene Quantität des lat. *u* — zurückgeführt u. a. Im Konsonantismus werden die einzelnen charakteristischen Unterschiede richtig erkannt, so z. B. der Wandel von lat. *s* zu alb. *š*, von Tenuis zu Media nach Nasal, von *rn* zu *ř*, die Erweichung des anlautenden oder an zweiter Stelle in Konsonantengruppen stehenden *l*; die Zusammenfassung gleichartiger Erscheinungen unter der höhern Einheit wird freilich manchmal vermißt. So sieht Miklosich noch nicht, daß intervokalische Media schwindet, sondern will *b* zu *v* werden lassen, *d* fällt nach ihm "nicht selten" aus, über *g* äußert er sich gar nicht. Wenn er richtig beobachtet, *d* gehe manchmal in *z* über, so ist hierdurch über die Bedingungen dieser Lautvertretung nichts gesagt. Es fehlt auch zuweilen an deutlicher Scheidung dessen, was dem Lateinischen und was dem Albanischen zuzuschreiben ist, so bei *šeľboj* aus lat. *salvāre*, *korp*, *korbi* aus lat. *corvus*. Miklosichs Forschungen sind oft trotz der äußersten Knappheit seiner Bemerkungen sehr wichtig für eine Reihe prinzipieller Fragen der albanischen Sprachforschung. Er berührt das bereits gewürdigte Problem der sprachlichen Balkangemeinsamkeit, die damit oft verbundene Substratfrage, die Frage des Zusammenhangs der lateinischen Elemente des Albanischen mit den Mundarten Süditaliens und manches andere, was noch im weiteren Verlaufe dieser Darstellung erörtert werden soll. Alles in allem zeigt sich gegenüber dem grammatischen Werke Camardas, das ohne umfassendere Vorarbeiten gleich das Ganze der wissenschaftlichen Grammatik des Albanischen bieten wollte, in Miklosichs Arbeit die echt wissenschaftliche Bescheidenheit: in der Beschränkung die Meisterschaft. Eben darum blieb von Miklosichs Forschungen viel, von Camardas wenig bestehen. Eine auf gleicher Höhe sich bewegende Fortsetzung fanden Miklosichs grammatische Untersuchungen in Schuchardts Abhandlung Albanisches und Romanisches (KZ. 20, 240—302). In der allgemeinen Behandlung der Lautlehre der romanischen Elemente erkennt Schuchardt mit Recht als grundlegend die Frage, "in welcher Weise eine solche aus der allgemeinen albanischen Lautlehre sich als ein besonderes abhebt"; mit andern Worten: was ist in den im heutigen Albanischen inkrustierten lateinischen Elementen auf Rechnung des Albanischen, was auf Rechnung des Romanischen zu setzen? Ein Illustrationsfaktum für die Wichtigkeit dieser Unterscheidung bietet das Verhältnis von alb. *lb*, *rb* zu lat. *lv*, *rv*, das im Rom. wiederkehrt. Eine Reihe lautlicher Erscheinungen hat Schuchardt in feiner Weise als erster beobachtet (so die labialisierende Wirkung von labialen Konsonanten auf benachbarte Vokale, die Intonationsänderung beim Diphthong *úa* aus *uá*), ihren geschichtlichen Hintergrund mit treffsicherer, durch die Denkmäler bestätigter Intuition hergestellt, Probleme, die Miklosich seinen Nachfolgern hinterlassen, zu lösen versucht (so z. B. den Lautübergang *on* zu *ue*, ein Versuch, der freilich heute nicht mehr aufrecht zu halten ist), andrerseits auch selbst Probleme aufgeworfen. So konnte es nicht fehlen, daß auf dem Gebiete der Lautlehre der lateinischen Elemente, einem Gebiete, dessen Wichtigkeit für die Erforschung des Albanischen betont wurde, Meyer die Aufgabe des Vollenders zufiel. Freilich ist es nicht wenig, was Meyer selbst auf diesem Gebiete ermittelte. Die Wirkung des Nasals auf vorhergehenden Vokal (tosk. ϵ), seine diphthongierende Wirkung auf *ō*, die Unterscheidung von *u*, *ū*, im Konsonantismus die Assibilierung der Dentalen *t*, *d* durch folgendes *i̯* zu *s*, *z*, die Erkenntnis der wesentlichen Bedingungen für den schon von Miklosich beobachteten Konsonantenschwund (intervokalische Stellung und Stimmhaftigkeit des Konsonanten), der Hinweis auf das doppelte Schicksal der lateinischen Gruppe *ct*, damit sind nur einige und vielleicht nicht einmal durchaus die wichtigsten Punkte genannt, in denen Meyer über seine Vorgänger hinausging (Gröbers Grundr. d. rom. Philol.[1], 1, 804—821). Naturgemäß gelangt Meyer nur allmählich zu solchen Fortschritten. So nahm er in einer seiner ersten albanologischen Schriften, der höchst bedeutungsvollen Abhandlung Die Stellung des Albanischen im Kreise der idg. Sprachen (BB. 8, 185—195, 1884) bezüglich *ü* noch den Standpunkt Miklosichs ein (s. o.). Im übrigen ist gerade durch diese Arbeit der entscheidende Schritt zur richtigen Beurteilung des Albanischen getan, der Schritt, der über die bis dahin im allgemeinen herrschende, von Schleicher, Stier, Camarda vertretene Lehre von der Zusammengehörigkeit des Albanischen mit dem Griechischen und Lateinischen hinausführte. Miklosich und Schuchardt hatten diese Lehre noch nicht beseitigt. Mußten doch diese Forscher erst viel anderen Schutt hinwegräumen. So ist denn der Gewinn, den die Wissenschaft aus dieser Abhandlung Meyers zog, unverlierbar. Die Gutturalreihen und ihre Vertretungen sind in den Grundzügen richtig auseinandergehalten; damit allein ist das wichtigste Kriterium für die Einordnung des Albanischen in den Kreis der ostidg. (Satem-) Sprachen festgestellt ($\hat{g}$ = alb. δ : tosk. δεmp, best. δεmbi 'Zahn' : aksl. *zǫbъ* dass., griech. γόμφος, $\hat{g}h$ = alb. δ : *maθ*, best. *maδi* 'groß' : ai. *mah-*). Dadurch aber, wie nicht minder durch die richtige Beurteilung des Reflexes der Media aspirata und mancher anderer Momente gewann Meyer die exakte Grundlage zur reinlichen Scheidung des Albanischen vom Griechischen, zu engerem Anschluß an die nordeurop. Sprachen, wozu sich die bereits von Bopp gemachte Beobachtung : lit., germ. *a* = alb. *a* (idg. *o*), die Meyer in diesem Zusammenhang verwertete, glücklich fügte. Freilich waren Meyer in dieser seiner Erstlingsschrift aus dem Gebiete des Albanischen noch viele Fragen unklar geblieben (besonders solche des Vokalismus). Allein in rüstigem Schaffen und nie ermüdender Selbstkritik ging Meyer, nachdem er in der eben erwähnten Untersuchung die wichtigsten prinzipiellen Erkenntnisse aus der albanischen Lautgeschichte niedergelegt hatte, daran, seine Ermittlungen zu vertiefen und zu erweitern und, wo es nottat, zu berichtigen. Schon der zweite Teil der Alb. Studien (Sitz.-Ber. der Wiener Akad., Phil.-hist. Cl. 107_1, 1884) — der erste Teil beschäftigt sich wenig mit lautlichen Fragen — zeigt dies. Mit tief eindringender Gründlichkeit und jener stilistischen Gefälligkeit, die sich aus der völligen logischen und sachlichen Durchdringung des Gegenstandes ergibt, behandelt hier Meyer das Problem der albanischen Zahlwörter, die Ascoli eine bizarre Reihe genannt hatte, und vermag so einer Ansicht, wie sie selbst Pott noch 1887 vertrat (s. o.), daß nämlich die indogermanisch anmutenden albanischen Zahlwörter entlehnt seien, entgegenzutreten. Zeigt doch Meyer, daß von den Zahlenbenennungen von 1 bis 10 nur die für 'vier' entlehnt ist. Diese Untersuchungen sind aber auch für die Lautlehre ertragreich; zur Gutturalfrage wird neues Material beigebracht, der albanische Reflex der Nasalis sonans — wenigstens éin Reflex — wird festgestellt, und die mundartlichen Sonderentwicklungen heben sich als solche dem Forscher schon schärfer vom Gesamttypus der Sprache ab. Durch diese Erkenntnis von bloß dialektischen Eigenheiten entfällt manche Vergleichsmöglichkeit, die Meyer noch in seinem Aufsatze in BB. 8 vertreten hatte (z. B. die von alb. δ mit europ. *l*). So sehr diese Schriften die Eroberung des Albanischen für die idg. Sprachwissenschaft förderten, so waren sie doch Skizzen, wenn auch höchst gewichtige und bedeutungsvolle Skizzen. Erst als

Meyer sein Etymologisches Wörterbuch der albanesischen Sprache hatte erscheinen lassen und darin seine zahlreichen Einzelentdeckungen niedergelegt hatte, konnte er an die erste systematische Darstellung der Lautlehre des Albanischen, soweit seine idg. Bestandteile in Betracht kommen, schreiten: Lautlehre der idg. Bestandteile des Albanischen (Alb. Studien, 3 = Sitz.-Ber. der Wiener Akad., 125, Abh. 3, 1892). Wurde oben das Etymologische Wörterbuch als Meyers Lebenswerk auf dem Gebiete des Albanischen bezeichnet, so zieht er in dieser Abhandlung die Summe daraus, gibt den für die idg. Sprachwissenschaft wesentlichen Extrakt. Die mehr oder weniger fragmentarischen Erkenntnisse der Schriften zur alban. Grammatik sind hier bedeutend erweitert und dabei wissenschaftlich gegliedert. Auch neue prinzipielle Gesichtspunkte für die Beurteilung der Stellung des Albanischen im Kreise der verwandten Sprachen sind gewonnen. Man denke nur an die Feststellung des Zusammengehens des Albanischen mit dem persischen Zweig des Iranischen in der Vertretung der palatalen Gutturale. (Für idg. *k̂* erscheint im alb. θ, *s*, ebenso im apers., für *ĝ*, *ĝh* im alb. ϑ, *d*, *z*, im apers. *d*, *z*). Vieles von dem, was Miklosich auf dem Gebiete der lateinischen Lehnwörter angedeutet und Meyer selbst auf diesem Gebiete schärfer zu fassen vermocht hatte, wird hier als für den idg. Grundstock geltend erwiesen und erst so in die richtige Beleuchtung gerückt, so beispielsweise der Ausfall der intervokalischen Media, der toskische Wandel von *n*- zu -*r* und seine Grenzen. Ein so verwickeltes Kapitel wie die Geschichte der albanischen *s*-Laute wird in weitausgreifender Weise durch ausgiebige Heranziehung der verwandten Sprachen erörtert, die Assimilation der Lautgruppen mit *n* klar gemacht, die Kenntnis des Vokalismus bedeutend gefördert. Die Lehre von den Reflexen der idg. Diphthonge (wie idg. *eu* zu alb. *e*) stellt eine neue Erkenntnis dar und erweist sich gleich manchem andern als Ausführung von Andeutungen, die Meyer selbst bereits einige Jahre vorher in seiner Kurzgefaßten Grammatik der albanesischen Sprache, Leipzig, 1888, in aller Kürze — dem vorwiegend praktischen Zwecke dieses Werkes gemäß — gemacht hatte. Methode und Forschungsergebnisse der lebhaften sprachwissenschaftlichen Bewegung des Endes der Siebziger- und des Anfangs der Achtzigerjahre fanden auf albanischem Gebiete in Meyer ihren Vertreter und Vorkämpfer.

Wurde er von hier aus angeregt, so gab er diese Anregungen dem Ganzen der idg. Sprachwissenschaft reichlich zurück, indem jede neu gewonnene Einsicht in den Entwicklungsverlauf einer bis auf ihn so wenig gekannten Einzelsprache die idg. Gesamtforschung neu zu beleuchten und zu bekräftigen geeignet war; und wenn Schuchardt, wie oben erwähnt, die Forderung nach Sonderung des dem Albanischen von Haus aus Gehörigen von dem, was dem Lehngut geschichtlich zufällt, erhebt, so war durch Meyers Lebensarbeit die Erfüllung dieses grundlegenden Postulates erst ermöglicht. — Die Erforschung des albanischen Vokalismus nach Meyer ist vor allem durch eine eindringliche Behandlung der Lehnwörter gekennzeichnet. Helbig vermochte in seiner bereits oben erwähnten Arbeit (Jahresber. d. Rum. Inst. Leipzig, 10, 1—137) eine Reihe von Lautwandlungen des lateinischen Bestandes und dann vielfach auch des ererbten Wortschatzes durch genaue Vergleichung mit dem dem Italienischen entlehnten Wortvorrat chronologisch zu fixieren und dabei auch das zeitliche Verhältnis der lautlichen Veränderungen unter einander zu beleuchten (man beachte z. B. seine Feststellungen über den Umlaut des *a*, über den Wandel des *a* und *e* vor Nasalen, über die Erhaltung des unbetonten *u* im italienischen Element gegenüber der Behandlung dieses Lautes in dieser Stellung im lateinischen Bestande, über die albanische 'Vokalharmonie' usw.). Der schon von Miklosich (s. o.) bemerkte Parallelismus zwischen dem Albanischen und südostitalienischen Mundarten in mancherlei lautlichen Erscheinungen, des weiteren die Beziehungen zwischen dem Dalmatischen und Albanischen werden von Bartoli in seinem umfassenden Werke Das Dalmatische (Schriften der Balkankommission der k. Akad. in Wien) eingehender erörtert (z. B. 1, 232; 265). Neue Gesichtspunkte, die dem Gegenstande entsprechend durch Betrachtung des lateinischen Wortschatzes des Albanischen ermittelt, auch auf heimisches Sprachgut angewendet wurden, gewann Meyer-Lübke in der 2. Bearbeitung von G. Meyers Lateinischen Elementen im Albanischen (Gröbers Grundr. d. rom. Phil., 2. Aufl., Bd. 1, 1038—1057). Durch Hinweis auf den umlautenden Einfluß des *l* auf *a*, der auch an heimischen Elementen gezeigt wird, findet eine Reihe von *e*-Lauten ihre Erklärung (vgl. z. B. *heľm* 'Gift : ahd. *scalmo* 'Seuche'). Heimische Lautwandlungen, die G. Meyer auch noch den lateinischen Bestandteilen zugeschrieben hatte, erhalten durch Beseitigung unrichtiger Etymologien ihre Begrenzung (so der bloß heimische Wandel von idg. *ē* zu alb. *o*); die scharfe Scheidung zwischen lat. *u*, *ū*, die sich bei Meyer, wie gezeigt, nur allmählich entwickelt hatte, wird konsequenter durchgeführt. Vergeblich hat Gelzer, der speziell das Auftreten des *e*-Lautes in neue — nicht immer unanfechtbare — Regeln zu fassen suchte (Zeitschr. f. rom. Phil. 37, 260—273) diese Auffassung Meyer-Lübkes über *e* vor *l* bekämpft. Gegen die noch auf G. Meyer zurückgehende Auffassung von der Scheidung von lat. *ĕ*, *ē* in ihren albanischen Reflexen brachte Pedersen (Rom. Jahresber. 9, 1, 214) wohlerwogene Gründe vor; neuerdings wird die Frage im Sinne der älteren Auffassung erörtert von Meyer-Lübke (Mitt. d. Rum. Inst. Wien, 1, 24 f.) und in dem gleichen Bande von Treimer (348 f.). Aber auch Problemen, die erst in neuerer Zeit in den Vordergrund des sprachwissenschaftlichen Interesses traten, beginnt sich die Forschung auf albanischem Gebiete zuzuwenden. Den Unterschied in der Behandlung unbetonter Vokale, je nach ihrer Stellung im Verhältnis zum Haupttonvokal erörtert Meyer-Lübke (Mitteil. d. Rum. Inst. Wien, 1, 31 f.), die für die gesamte Nominalflexion wichtigen Verschiedenheiten in der Behandlung betonter und nicht betonter auslautender Nasalvokale stellt Jokl fest (IF. 36, 98—164) und eine Reihe wertvoller Darlegungen über Quantität (Kürze, Mittellänge, Länge) und Intonation im Albanischen, ferner über das Verhältnis der Qualität der Vokale zu ihrer Quantität bietet unter werktätiger Unterstützung von R. Nachtigall G. Pekmezi in seiner Grammatik der albanischen Sprache, Wien, 1908 (S. 46 ff.) — Die Geschichte des albanischen Konsonantismus wurde in einer Reihe grundlegender Abhandlungen durch Pedersen mächtig gefördert. So hat Pedersen die Entwicklung der alb. *l*-Laute, die in Meyers Darstellung (Alb. Stud. 3, 74 f.) an mehrfachen inneren Widersprüchen leidet, unter steter Berücksichtigung der lateinischen Elemente auf neue Grundlagen gestellt (KZ. 33, 535—551); eine wichtige Ergänzung und chronologische Berichtigung hierzu gab Meyer-Lübke (Mitt. d. Rum. Inst. Wien, 1, 28). Durch Nachweisung des Vorhandenseins von hiattilgendem *j*, *v* löste Pedersen eine Reihe von Rätseln der albanischen Lautgebung, nicht minder der Etymologie und der Flexion (Festskrift til Vilh. Thomsen, Kopenhagen, 1894, S. 247 ff.) Pedersens Abhandlung über die Albanischen Gutturale (KZ. 36, 277 ff.) brachte das Albanische, das an der Peripherie der idg. Sprachwissenschaft stand, mit einem der Zentralprobleme dieser Wissenschaft in Verbindung. Die Lehre von den Gutturalen, deren wichtigste albanische Reflexe schon Meyer erkannt hatte, wird hier entsprechend den inzwischen erzielten Fortschritten der idg. Sprachwissenschaft bereichert. Die Labiovelare (*qu̯*, *gu̯*) werden vor hellen Vokalen im Albanischen palatalisiert, demnach durch tonlose oder tönende Postdentale (*s*, *z*) widergespiegelt, während sie vor dunkeln Vokalen mit den Reflexen der reinen Velare zusammenfielen. Die letzteren hingegen ergaben vor hellen Vokalen *k̂e*, *ĝe*, sind also in dieser Stellung von den labiovelaren gesondert. Da nun schon nach Meyer Palatale und Velare im Albanischen, als einer Satemsprache, gesondert sind, so ergibt sich der Folgesatz, daß nach Pedersen im Albanischen, und nur hier, die für das Indogermanische angesetzten drei Gutturalreihen in ihren Fortsetzungen noch heute geschieden sind, gewiß ein höchst wichtiges Ergebnis, das bei Brugmann (Kurze vgl. Gramm. 168), bei Wiedemann (BB. 27, 201) Zustimmung findet, von Hirt (IF. 17, 388), Thumb (IF. Anz. 18, 40) abgelehnt und zuletzt von Hermann — wenigstens zu einem Teile — ausführlich bekämpft wird (KZ. 41, 46 ff.) Zwar gibt auch Hermann *s*, *z* als Vertreter gutturaler Konsonanten zu, verwirft jedoch die Scheidung der Labiovelaren von reinen Velaren vor hellen Vokalen, indem alb. *k̂e*, *ĝe* durch analogischen Einfluß sekundär aus *ka*, *ga* entstanden seien. Indeß läßt sich diese Ansicht nur für solche Beispiele vertreten, wo die Lautfolge Velar + dunkler Vokal ursprünglich vorhanden war; wie aber dann, wenn schon von Anbeginn dem Velar ein *e* folgte? Ein solches Beispiel ist *ĝeń* 'finde', dessen etymologische Verknüpfung mit lat. *prehendo* usw. nicht zu leugnen ist. Aber auch in die verwirrende Fülle der albanischen Vertretung des idg. *s*-Lautes (*š*, *h*, *ǵ*, θ), die Meyer noch als Problem hinterlassen, Pedersen selbst in einer dem idg. *s* im Slavischen gewidmeten Arbeit kurz gestreift hat (IF. 6, 53 ff. bes. 82 f.), Brugmann (Grundr.[2], 1, 756 f.) mit Erfolg zu enträtseln begonnen, brachte Pedersens Arbeit über die Gutturale Regel und Ordnung, die sich auch durch die spätere etymologische Forschung wohl bewährt hat : *š* vor hellen Vokalen, *h* vor hinteren, *ǵ* vor betonten Vokalen, θ Dissimilationsprodukt vor einem zweiten idg. *s*. Ergänzungen hiezu, die das Auftreten von alb. *š* vor *u* betreffen, freilich auf recht spärlichem Material beruhen, versucht Treimer (Mitt. d. Rum. Inst. Wien, 1, 336 ff.) Mancherlei neue Beobachtungen zum albanischen Konsonantismus finden sich in Helbigs bereits des öftern erwähnter Darstellung der italienischen Elemente im Albanischen. So bringt Helbig den albanischen Spirantenwechsel unter einen einheitlichen phonetischen Gesichtspunkt, ermittelt neues über die Gruppe *rį*. Alb. *tš*, das Meyer zuletzt dem heimischen Grundstock abzusprechen geneigt war — im Gegensatz zu frühern Ansichten — erörtert Jokl (IF. 30, 192 ff.): aus *sq* vor palatalem Vokal, ein Gesetz, das Treimer (Mitt. d. Rum. Inst. Wien, 1, 341 ff.) chronologisch einzuordnen unternahm. In demselben Bande der IF. (S. 198 ff.) zeigt Jokl eine bisher nicht beachtete Quelle von alb. δ, nämlich idg. *zd(h)* (*piθ* 'weibliche Scham' : slav. *pizda*, *driθє* 'Getreide', dial. 'Gerste' : ahd. *gersta*, lat. *hordeum* usw.)

Der

Formenlehre

kommt in der Geschichte der Erforschung des Albanischen insofern eine bedeutende Rolle zu, als gerade Beobachtungen dieses Teiles der Sprache Bopp das Kriterium zur wissenschaftlichen Einreihung des Albanischen in die idg. Sprachfamilie lieferten. Der Begründer der idg. Sprachwissenschaft deutet in seiner mehrfach zitierten Schrift Das Albanesische völlig richtig die albanischen Personalendungen, stellt das Vorhandensein eines sigmatischen Aoristes fest, erkennt die Natur der albanischen Partizipien als *n*-, *m*-, *t*-Partizipien. Durch den allerdings nicht als sicher hingestellten Vergleich des albanischen Aoristes vom Typus *kєndova* 'ich sang' mit den romanischen Fortsetzern von lat. *cantābam* und die daran geknüpften Folgerungen hat Bopp der Erforschung des Albanischen eine Richtung gewiesen, die sie bis zu Beginn der neuesten Phase festhielt. Er war es, der, von diesem Vergleich ausgehend, das Albanische im Lichte einer halbromanischen Mischsprache erblickte, einer Mischsprache im eigentlichen Wortsinn, die nicht nur in lexikalischer, sondern auch in grammatischer Hinsicht diese Bezeichnung rechtfertige. Schuchardt lieferte (Vokalismus d. Vulgärlateins 3, 47; 51) durch Herleitung der 3. Person des Verbum substantivum *єštє*, *ištє* 'ist' aus lat. *est* weiteres Material zu dieser Anschauung und Miklosich folgte ihm hierin. Und wenn auch G. Meyer gerade diese Erklärung verwarf, so hat er doch in einer besonderen Abhandlung Der lat. Einfluß auf die alb. Formenlehre (Miscellanea di filologia e linguistica in memoria di N. Caix e U. A. Canello, Florenz, 1886, S. 103—111) die von Bopp inaugurierte Richtung, an die sich Meyer schon im ersten Hefte seiner Alb. Studien (Die Pluralbildungen der alb. Nomina = Wiener Sitz.-Ber. 104, Abh. 1, Wien 1883) angeschlossen hatte, weiter verfolgt. Dem Lateinischen wird in diesen Schriften ein überragender Einfluß auf die Gestaltung des albanischen Formensystems zugeschrieben; so sind nach Meyer lat. Ursprungs die Plurale auf *-i*, der Genetiv des Interrogativpronomens *kuj* aus *cuius*, das Relativum *ke*. Zu dem schon von Bopp für das Lateinische in Anspruch genommenen Aorist *kendova* fügt Meyer auch die Optative wie *kendofša*, für das er in *cantavissem* die Ursprungsform erkennen will. Beim Verbum substantivum gelten Meyer die Formen: tosk. ϵ, geg. *ã* 'ist' als lateinisch. Im übrigen hat Meyer gerade der Aufhellung des Verbum substantivum eine eigene, äußerst scharfsinnige Abhandlung gewidmet (Philolog. Abhandlungen Mart. Hertz dargebr., Berlin 1888, S. 81—93), die Flexion dieses Verbums und der albanischen Verba auf *-mi* ebenso zutreffend beleuchtet wie ihre Stammgestaltung. Die stark latinisierende Auffassung des albanischen Formensystems spiegelt sich auch in Meyers Bearbeitung der lateinischen Elemente des Albanischen in der ersten Auflage von Gröbers Grundriß der romanischen Philologie wider. Manches ist hier noch hinzugefügt, so wird sogar die zahlreichste Kategorie albanischer Verba, die auf *-oń*, *-oj* dem Lateinischen zugesprochen. Dessenungeachtet wäre es ganz verfehlt, Meyers hohe Verdienste um die indogermanische Erklärung albanischer Formen unterschätzen zu wollen. Dem schönen Aufsatz über das Verbum substantivum hat Meyer, schon dem Ende seiner gesunden Tage nahe, die richtige Erklärung der Aoriste wie *mbľoδa* aus *-lēǵ* 'ich sammelte' zu Präs. *-ľeθ* = lat. *lēgi* zu Präs. *lĕgo* angefügt (IF. 5, 180 ff.) Die latinisierende Strömung in der Erklärung der Formen wurde nach Meyer freilich stark eingedämmt. Vergleicht man mit der ersten Bearbeitung der lateinischen Elemente im Albanischen die zweite, von Meyer-Lübke besorgte (in der 2. Auflage von Gröbers Grundriß, Straßburg, 1907), so springen die Unterschiede in die Augen. Die Latinismen der Nominalflexion, die Meyer mit größerer oder geringerer Bestimmtheit annahm, sind bis auf einen einzigen Rest, die in der Flexion der Pronomina gänzlich beseitigt, und ebensowenig findet man hier Bopps Lehre von der lateinischen Herkunft der Aoriste auf *-va* vertreten. Woher dieser Umschwung? Es ist dies Meyer-Lübkes Verdienst und nicht zum wenigsten der sichtbare Ausdruck der ganzen Forschungsrichtung, die, wie erwähnt, seit Anfang der Neunzigerjahre inauguriert wurde. Beiträge zur Erläuterung der Deklination der Substantiva, wie des Gen. Sing. auf *-i*, des Gen. Plur. auf *-e*, des Ausgangs und der Deklination der Feminina, des Nom. Plur. auf *-i* findet man in Pedersens, des ersten Vorkämpfers dieser Richtung, bereits erwähnter Abhandlung über die albanischen Gutturale (KZ. 36, 277 ff.) und in seiner inhaltsreichen Besprechung der eben genannten Schrift von Meyer-Lübke (Rom. Jb. 9_1, 206 ff.) Besonders hervorzuheben ist die grundlegende und völlig neue Erklärung der albanischen Demonstrativpronomina an der ersterwähnten Stelle. Dem albanischen Neutrum hat Pedersen eine eigene Abhandlung gewidmet (KZ. 34, 283—291), aus der sich die Bedeutung des Albanischen für die Geschichte des idg. Neutrums ergibt. Von der oben hervorgehobenen, insbesondere beim Demonstrativum sich ergebenden Beobachtung des Unterschiedes zwischen betontem und unbetontem auslautendem Nasalvokal ausgehend, konnte Jokl ein Kapitel aus der Geschichte der albanischen Nominaldeklination entwerfen, die Spuren des im Albanischen einst noch vorhandenen indogermanischen Akkusativs verfolgen und mit dessen nominativischer Verwendung einen wesentlichen Grund für den albanischen Kasussynkretismus, den Geschlechtswechsel, die Gestaltung der Partizipialformen ermitteln; so wurde auch der Umformung des Neutrums im Gesamtbilde der Nominalgeschichte der Platz angewiesen (IF. 36, 98—164). Dank Pedersens Arbeiten sehen wir auch die Geschichte der albanischen Konjugation in einem wesentlich anderen Lichte. Wir betrachten nicht mehr ganze Modussysteme des Albanischen, wie z. B. den Opt. Aor. als dem Lateinischen entlehnt — gemäß Pedersens Erörterungen in der Einleitung zu seinen Alb. Texten mit Glossar Leipzig 1895, wo sich auch andere wichtige Feststellungen zur Konjugation, so über Einteilung und Formenbestand des Verbums finden. In der zahlreichsten albanischen Verbalkategorie, den Verba auf *-ón* erblickt Pedersen mit Recht heimisches Gut (Rom. Jahresber. 9_1, 210). So ist Pedersens Schlußergebnis, der lateinische Einfluß auf die albanische Flexion sei gleich null, wohl begründet.

Auch den lateinischen Einfluß auf die

Wortbildung

des Albanischen hat Meyer einigermaßen überschätzt; er hat hierüber im 2. Teile seiner Alban. Studien, in der Kurzgefaßten Grammatik S. 42 f. und vorzugsweise — gemäß dem engen Zusammenhang der Wortbildungslehre mit Fragen der Etymologie — in seinem Etymologischen Wörterbuch gehandelt. Doch ist auch nach Meyer-Lübke und Pedersen lateinischer Einfluß auf die albanische Wortbildung anzuerkennen. Manche Erklärungen Meyers hat Pedersen durch andere ersetzt, so die Nomina agentis auf *-ϵs* — nach Meyer Partizipialbildungen auf idg. *-ont* — mit gleichbedeutenden armenischen Nomina auf *-ič* zusammengestellt (KZ. 36, 309; 341), für die Bildungen auf *-im* die Möglichkeit heimischen Ursprungs begründet (Rom. Jb. 9 ₁, 212 f.) Anderes wiederum wurde als echt Albanisch angesprochen von Jokl, so die Suff. *-sϵ*, *-í*, Präf. *š̆* aus idg. *sm̥* (Stud. z. alb. Etym. u. Wortb., S. 9; 102 ff.; 78) u. a. Eine willkommene Zusammenstellung der häufiger vorkommenden Suffixe findet sich bei Pekmezi, Gramm. d. alb. Spr., S. 219 ff.; wertvolle Beobachtungen zur Wortbildung enthält ferner Weigands Albanische Grammatik, S. 37 ff.

Das Gebiet der

Syntax

des Albanischen ist das am allerwenigsten bebaute. Weniger allseitig und durchdringend als andere Erscheinungsformen des Sprachlebens vermag die vergleichende Methode die Syntax zu erhellen. Denn der Umstand, daß hier nur Fügungen mit einander verglichen werden können, deren Übereinstimmung sehr häufig ebensogut auf spontaner Parallelentwicklung wie auf geschichtlichem Zusammenhang beruhen kann, stellt oft genug eine Fehlerquelle für sprachgeschichtliche Schlußfolgerungen dar. Erfreute sich darum — wenigstens bis vor kurzem — selbst in besser bekannten und eifriger bearbeiteten Sprachen des idg. Sprachstammes die Satzlehre nicht des gleichen Interesses wie die Nachbargebiete, um wieviel mehr mußte sich eine solche Sachlage im Albanischen fühlbar machen! Die schon von Miklosich bemerkte Übereinstimmung des Albanischen mit dem Rumänischen und Bulgarischen im Gebrauch eines postponierten Artikels war für Hasdeu der Ausgangspunkt zu seiner oben gekennzeichneten Ansicht in der 'Substratfrage' (Le type syntactique homo-ille ille bonus, Arch.

glottol. it. 3, 420—441); freilich ist die Lehre, daß Rumänisch und Albanisch fast durchgehends in der Verwendung des Artikels übereinstimmen, schon von Cihac (Böhmers Rom. Stud., 4, 431 ff.) bekämpft worden, und die sorgfältige, auf Beobachtung volkstümlicher Texte beruhende Monographie von D. M. Michov, Die Anwendung des bestimmten Artikels im Rumänischen, verglichen mit der im Albanischen und Bulgarischen (Jahresber. d. Rum. Inst. Leipzig, 14, 1 ff., auch als Diss.), weiß neben den Übereinstimmungen auch die Unterschiede in der Verwendung dieses Redeteiles ins rechte Licht zu setzen. Die oft vertretene Ansicht, daß das Albanische als Ganzes im Verlust des Infinitivs und Ersatz dieser Form durch Fügungen des Verbum finitum mit den übrigen Balkansprachen übereinstimme, wurde erfolgreich durch Pedersen, IF. Anz. 12, 92, widerlegt, der die Existenz eines alten Infinitivs in der gegischen Dialektgruppe nachweist. Wohl aber stimmt das Toskische im Ersatz des Infinitivs mit den anderen Balkansprachen überein; daß dies der Fall ist und daß der Ausgangspunkt für diese Erscheinung im Griechischen zu suchen ist, hat, einer Anregung G. Meyers und Pedersens folgend, Kr. Sandfeld Jensen in eingehender Untersuchung gezeigt (Rumænske studier 1, Kopenh., 1900 und Deutsch in gekürzter Darstellung : Jahresber. d. Rum. Inst. Leipzig, 9, 75 ff.) Neuestens wurde die hypothetische Periode des Albanischen von M. Lambertz gründlich und unter steter Berücksichtigung der Nachbarsprachen untersucht (IF. 34, 1 ff.) Durch sein Schlußergebnis, die Bildung der albanischen hypothetischen Periode zeige wie viele Erscheinungen, die Doppelnatur des Albanischen als einer halbromanischen Balkansprache, greift der Verfasser auf eine Auffassung der albanischen Sprachgeschichte ('halbromanisch') zurück, die von der oben skizzierten neuern Entwicklungsphase der Forschung erfolgreich bekämpft wurde. Feststellung von syntaktischen Übereinstimmungen mit dem Romanischen ist nach dem Obigen nicht gleichbedeutend mit dem Nachweis der Herkunft dieser Tatsachen aus dem Romanischen, sie ist dies um so weniger, als fast alle von Lambertz angeführten albanisch-romanischen Übereinstimmungen sich auch im außerbalkanischen Slavischen (Russ., Čech.) und im Deutschen nachweisen lassen. Eine gut orientierende Übersicht der syntaktischen Übereinstimmungen des Albanischen mit dem Rumänischen findet sich bei Sandfeld Jensen, Die nicht-lateinischen Bestandteile im Rumänischen (Gröbers Grundr.[2], 1, 524 ff.). Die Syntax des Verbums (Modi, Aktionsarten, Tempora) hat Weigand in seiner Albanischen Grammatik, S. 117 ff. mit besonderer Aufmerksamkeit behandelt.

An

zusammenfassenden Werken

sind Brugmanns Grundriß der vergleichenden Grammatik der idg. Sprachen, 2. Bearbeitung, Straßburg 1897 ff., und Pekmezi, Grammatik der albanischen Sprache, Wien 1908, zu nennen. Das Erscheinungsjahr des ersten, die Lautlehre enthaltenden Teiles von Brugmanns Grundriß (1897) machte es begreiflich, daß das groß angelegte Werk für das Albanische im wesentlichen auf dem Standpunkte G. Meyers steht. Auch Pekmezis Schrift teilt in ihren theoretischen Partien wesentlich G. Meyers Anschauungen. Daß die später erschienenen Teile von Brugmanns Grundriß auch spätere Forschungen verwerten, braucht wohl nicht besonders hervorgehoben zu werden. Im übrigen bot der Gang dieser Erörterungen des öfteren Gelegenheit, sowohl auf Brugmann als auf Pekmezi zu verweisen.

Der Verlauf der Darstellung wird dem Leser wohl gezeigt haben, daß es bisher vornehmlich Wortforschung und Lautlehre waren, die in erster Linie das Interesse fesselten. Es hängt dies ebenso sehr mit dem Entwicklungsgange der idg. Sprachwissenschaft im allgemeinen znsammen wie mit der Erkenntnis, daß hier die ersten Bausteine zur Aufführung des Gebäudes der Wissenschaft von einer Einzelsprache zu suchen sind. Allein es ist klar, daß auch auf diesen Teilgebieten noch viel zu tun übrig bleibt. Bereicherung unserer Kenntnis der sprachlichen Tatsachen wird die erste Grundbedingung zur Förderung der Forschung sein. Von einer systematischen Durchforschung der Dialekte werden also auch Wortforschung und Lautlehre neue Impulse erhalten. Freilich setzt gerade diese Aufgabe verständnisvolle Mitwirkung heimischer Kräfte voraus. Ob daher in nächster Zeit vor völliger Erschließung des Landes für europäische Gesittung auf ihre Bewältigung zu rechnen ist, mag dahingestellt bleiben. Jedenfalls wird sie in Angriff genommen werden müssen. Erst dann aber wird auch das in gleicher Weise praktisch wie theoretisch wichtige Ziel der Bearbeitung eines umfassenden Wörterbuches der Sprache erreichbar sein. In stärkerem Maße als bisher wird die Wortbildungslehre und Flexionslehre zu fördern sein. Allerdings sind die Schwierigkeiten auf diesem Felde gerade im Albanischen mit seiner jungen Literatur nicht zu unterschätzen, und an die Stelle des festen Grundes der Tatsachen wird hier oft die schwanke Brücke der Hypothese treten müssen. Wie sehr auch die Syntax weiterer, eingehender Durchforschung bedarf, wurde bereits hervorgehoben. Aber nicht nur das Objekt, das Was, sondern auch das Wie, die Methode der Forschung, wird der Bereicherung und Ergänzung bedürfen. In welchem Maße die vergleichende Methode dazu beigetragen hat, das Dunkel der albanischen Sprachgeschichte zu erhellen, haben wir gesehen. Ihr wird sich aber, wie überall, auch die historische hinzugesellen müssen; wenn auch der Mangel an älteren Denkmälern der Sprache hier weniger reichen Gewinn verspricht, so wird doch in vielfach entsagungsvoller Sammel- und Schürfarbeit aus der vorliterarischen Epoche alles zusammenzutragen zu sein, was der Sprachgeschichte als Material dienlich ist, aus der literarischen aber das wenige, was wir an Denkmälern besitzen, an den Ergebnissen einer künftigen Dialektforschung gemessen und geprüft werden müssen. Erst dann wird mit einiger Aussicht auf Erfolg und mit den aus dem Gesamtverlauf der albanischen Sprachgeschichte gebotenen Einschränkungen die Krönung des Werkes, eine umfassende vergleichende historische Grammatik, in Angriff genommen werden können. Nicht wenige und nicht unwürdige Aufgaben sind es demnach, die ihrer Bewältigung harren.

Gelehrtenverzeichnis.

Die römischen Zahlen weisen auf die Kapitel (I A Slavisch, B Litauisch u. Verw., II Albanisch), die arabischen Zahlen auf die Seiten hin. — ä, ö, ü sind als ae, oe, ue eingereiht, weshalb die Drucktypen å, ŏ, ů angewendet wurden. č, š, ž, ż folgen auf c, s, z, ž. In allen übrigen Fällen sind diakritische Zeichen für die Einreihung vernachlässigt.

FSC
www.fsc.org
MIX
Papier | Fördert gute Waldnutzung
FSC® C083411

Kolibri 360 GmbH
Ferdinand-Jühlke-Straße 7
99095 Erfurt, Deutschland
produktsicherheit@kolibri360.de